Mario Alberto Miranda Salcedo

Manejo sustentable de plagas clave del limón mexicano

Mario Alberto Miranda Salcedo

Manejo sustentable de plagas clave del limón mexicano

con alternativas amigables

Editorial Académica Española

Imprint
Any brand names and product names mentioned in this book are subject to trademark, brand or patent protection and are trademarks or registered trademarks of their respective holders. The use of brand names, product names, common names, trade names, product descriptions etc. even without a particular marking in this work is in no way to be construed to mean that such names may be regarded as unrestricted in respect of trademark and brand protection legislation and could thus be used by anyone.

Cover image: www.ingimage.com

Publisher:
Editorial Académica Española
is a trademark of
Dodo Books Indian Ocean Ltd. and OmniScriptum S.R.L publishing group

120 High Road, East Finchley, London, N2 9ED, United Kingdom
Str. Armeneasca 28/1, office 1, Chisinau MD-2012, Republic of Moldova, Europe
Printed at: see last page
ISBN: 978-613-9-40598-5

Manejo sustentable de plagas clave del limón mexicano, con alternativas amigables

Mario Alberto Miranda Salcedo[1]
José Mario Miranda Ramírez[2]
Lizette Cicero Jurado[3]
Catarino Perales Segovia[4]

[1]Campo Experimental Valle de Apatzingán, Instituto Nacional de Investigaciones Forestales, Agrícolas y Pecuarias (INIFAP), Michoacán México, e-mail miranda.marioalberto@inifap.gob.mx
[2]Tecnológico Nacional de México / Instituto Tecnológico Superior de Apatzingán, Michoacán México, e mail: jose@itsa.edu.mx
[3]Campo Experimental de Mocochá, Instituto Nacional de Investigaciones Forestales, Agrícolas y Pecuarias (INIFAP), Yucatán México, e mail: cicero.lizette@inifap.gob.mx
[4]Tecnológico Nacional de México / Instituto Tecnológico El Llano, Aguascalientes México, e mail: catarino.ps@llano.tecnm.mx x

Introducción

México es el primer productor de limón mexicano en el mundo en una superficie de 120 mil hectáreas, Michoacán presenta 75 mil ha, con una producción de 900 mil t y una derrama económica de MNX $ 2,595 mil millones de pesos (SIAP, 2021). Por otra parte, los cítricos son atacados por una gran cantidad de plagas y enfermedades que afectan su vigor, reducen su producción, la calidad de fruto y en algunas ocasiones la pérdida de árboles. Estos organismos atacan diversas partes del árbol y destacan por su importancia el psílido asiático de los cítricos, las escamas, los trips y las arañas rojas (Miranda-Salcedo et al., 2020a). En la actualidad el psílido asiático de los cítricos *Diaphorina citri* (Kuwayama) 1908 (Hemiptera: Liviidae) es la plaga más importante que ataca a los cítricos en México. El insecto se encuentra distribuido en todo México (López-Arroyo et al., 2008) y su importancia radica en que es el vector del Huanglongbing (HLB) la enfermedad más devastadora de los cítricos, que afecta a todas las especies y variedades de cítricos (Bove, 2006; Bassanezi, 2012; Stansly, 2012). Su manejo se ha basado principalmente en el uso de diferentes ingredientes químicos (organofosforados, piretroides, neonicotinoides, hongos entomopatógenos y productos de origen vegetal) que ha producido en el país la resurgencia de nuevas plagas como: trips, escamas y arañas rojas al incrementarse el número de aplicaciones químicas por ejemplo en Michoacán alrededor de 40 por año que afecta a los enemigos naturales y polinizadores (Miranda-Salcedo et al.,

2020a). En este artículo se presentan los aspectos más relevantes en relación a

su importancia agronómica, biología y manejo sustentable y de bajo impacto

ambiental de las plagas clave que atacan al cultivo de limón mexicano.

Psílido asiático de los cítricos *Diaphorina citri* Kuwayama, 1908

(Hemiptera: Liviidae)

Importancia agronómica

El psílido asiático de los cítricos *D. citri* Kuwayama 1908 (Hemiptera: Liviidae), es un insecto chupador que inserta sus partes bucales en tejidos vegetales para alimentarse (Hall, 2008). Los adultos se alimentan en los tallos jóvenes y en las hojas de todas las etapas de desarrollo, aunque principalmente de los brotes tiernos. Los adultos miden de 2.7 a 3.3 mm de largo y sus alas son de color marrón moteado. Los adultos son activos y pueden volar a distancias cortas cuando se les perturba. También pueden encontrarse en descanso o alimentándose de las hojas con la cabeza en la superficie de las hojas (haz) y su cuerpo formando un ángulo de 45°. El insecto se encuentra distribuido en todo México (López-Arroyo *et al.*, 2008) y es el vector del Huanglongbing (HLB) la enfermedad más importante de los cítricos en el mundo (Roistacher, 1991; Halbert & Manjunath, 2004). La enfermedad está presente en todos los estados citrícolas del país. En el estado de Michoacán se detectó en diciembre de 2010, actualmente está distribuida en todos los municipios con altos picos poblacionales del vector (SENASICA, 2019). Asimismo, cada año SENASICA implementa un programa de Áreas Regionales de Control (ARCOS) en aproximadamente 60 mil ha de cítricos. Sin embargo, existe un amplio gremio de enemigos naturales (Miranda-Salcedo & López-Arroyo, 2009; 2010), pero no se hacen liberaciones de depredadores bajo un enfoque de control biológico innundativo.

Fluctuación poblacional

En el Valle de Apatzingán Michoacán, *D. citri* se presenta a lo largo del año, debido a las condiciones ambientales y a las prácticas de manejo promovidas por los productores (Miranda-Salcedo & López-Arroyo, 2009; 2010). Esta simbiosis de factores promueve una frecuente emisión de nuevos brotes vegetativos en los árboles, lo que asegura disponibilidad de alimento y sitios de oviposición del insecto. En Limón Mexicano, se presentan al año cuatro picos poblacionales en los meses de abril, julio, septiembre y diciembre. El mayor número de ninfas por brote, se presenta durante diciembre y julio (8 ninfas/brote), además de otros máximos poblacionales durante septiembre y abril (6 ninfas/brote). Asimismo, de los municipios estudiados Parácuaro, Buenavista y Apatzingán la mayor densidad poblacional se presenta en este último, de noviembre a diciembre con 13 ninfas por brote, en un huerto con un nivel alto de tecnología.

Daño ocasionado

La *Diaphorina citri* está considerada como una de las plagas más importantes reportadas en todas las áreas citrícolas de México. Esta plaga es el vector de la bacteria *Candidatus* Liberibacter asiaticus, la cual ocasiona la enfermedad de HLB. Este insecto puede causar daños directos e indirectos. El daño indirecto es el de mayor severidad y relevancia, dado que es el vector de *Candidatus* Liberibacter asiaticus es la bacteria asociada al HLB. Los daños directos son causados por el insecto en su extracción de savia y la producción de mielcilla. La mielcilla se vuelca sobre hojas, favoreciendo el desarrollo de fumagina. En adición, cuando se alimentan inyectan al vegetal toxinas que detienen la elongación terminal y causan malformaciones de hojas y brotes. En infestaciones severas, los brotes nuevos pueden morir (Arredondo-Bernal *et al.*, 2013). Al alimentarse, los estadios ninfales de *D. citri* producen túbulos cerosos de color blanco, lo que permite la rápida identificación de las colonias en el follaje de los hospedantes (Figura 1). Asimismo, excretan azúcares que favorecen la formación de fumagina (SENASICA, 2019).

Las hojas infectadas pueden engrosar la nervadura central lo que causa una apariencia corchosa que generalmente atraviesa la vena completa. En hojas maduras incluyen la presencia de venas amarillas a lo largo de la vena principal y las venas laterales donde puede apreciarse con mayor evidencia, además se notan hinchadas y acorchadas como resultado de una infección severa. Este síntoma ha sido reportado como el primero en observarse en algunas plantas afectadas por HLB (Moreno, 2014).

La principal importancia de la *D. citri* radica en que es vector de la bacteria *Candidatus* Liberibacter asiaticus se aloja principalmente en el floema de las plantas hospedantes y es causante de la enfermedad conocida como Huanglongbing (HLB) (SENASICA 2019).

Figura 1. Daño ocasionado por *D. citri* en brotes tiernos de limón mexicano.

En estados avanzados de infección por HLB las hojas nuevas pueden mostrar una coloración blanquecina. Los niveles anormales de gránulos de almidón acumulados en las células del parénquima pudieran explicar la apariencia coriácea de algunas hojas encontradas en árboles seriamente afectados por la enfermedad. Los frutos infectados de HLB presentan un alto grado de acidez y escasez de jugo. Se ha reportado que el jugo proveniente de frutos infectados de HLB es amargo, sin sabor, o con sabor algo salado, además contiene bajos niveles de azúcares y sólidos solubles, así como altos niveles de algunos compuestos amargos. Los frutos finalmente presentan caída prematura y el árbol no producirá frutos nuevamente. Los frutos afectados por HLB no se desarrollan correctamente debido a la deficiencia de carbohidratos y a la incapacidad de movilizar el almidón necesario que se encuentra acumulado en las hojas (Moreno-Enríquez, 2014).

Manejo agronómico

En el valle de Apatzingán Michoacán, se realizan alrededor de cuarenta aplicaciones por año de diferentes insecticidas para el control de plagas del limón mexicano, este hecho ha seleccionado la resistencia del psílido a insecticidas de diferentes grupos toxicológicos (Miranda-Salcedo; 2014; Villanueva-Jiménez *et al.,* 2019) que a su vez ha generado el surgimiento de otras plagas como trips y ácaros que son consideradas como secundarias (Miranda-Salcedo, 2019). Ante ello, los productos de bajo impacto ambiental y el uso de enemigos naturales son una opción para el manejo integrado de la plaga (Ables y Ridgway, 1981). Los insecticidas bio-racionales se caracterizan por no causar una mortalidad de inmediato a la población de insectos plaga, a diferencia de los insecticidas de amplio espectro (Cortés-Moncada *et al.,* 2010b;

Villanueva-Jiménez, et al., 2019). Existen algunos insecticidas evaluados por diferentes autores para el control de *D. citri* que son una alternativa para su manejo (Cuadro 1).

Cuadro 1. Insecticidas recomendados para el control de *D. citri* en limón mexicano.

Producto	Dosis	Autor
Biocrack®; Berni Labs - Extracto de ajo + manzanilla	2 ml/l^{-1}	
Fractal®; Berni Labs - Extracto de semilla de cítricos	4 ml/l^{-1}	Miranda-Salcedo et al. (2020a)
Preparado de Extracto de reseda *Reseda luteola* (Resedaceae) al 5 %	4 ml/l^{-1}	
Aceite parafinico de petróleo	10 ml/l^{-1}	Ruíz-Galván et al. (2015)
Movento 150 OD® - Spirotetramat	0.5 ml/l^{-1}	
Garlic®; Biotech - Aceite de ajo	2 ml/l^{-1}	
Fractal®; Berni Labs -Extracto de semilla de cítricos	2 ml/l^{-1}	Miranda-Ramírez et al. (2021)
Portal®; Nichino - Fenpyroximato	1.25 ml/l^{-1}	

Para obtener un buen manejo de *D. citri*, es necesario antes de realizar cualquier aplicación efectuar un monitoreo en campo sobre la población de psílidos para poder calcular el umbral de daño y posteriormente tomar una decisión bien fundamentada.

Control biológico

El psílido asiático de los cítricos es una plaga exótica que fue detectada en nuestro país en 2002. Su importancia radica no sólo en que ocasiona daños directos a la planta, sino que además es el principal vector de la enfermedad del Huanglongbing o HLB de los Cítricos provocada por la bacteria *Candidatus Liberibacter* spp. (Sánchez-González *et al.*, 2015). Su principal enemigo natural es parasitoide *Tamarixia radiata* (Waterston), que se alimenta externamente de los últimos estadios ninfales de *D. citri* y que fue introducido a varios países desde Punjab en la India (Shivankar *et al.*, 2000). *Tamarixia radiata* se encuentra reportado en varios estados del país y se cree que se introdujo junto con su hospedero, aunque ahora está siendo producido y liberado por el CNRCB (Centro Nacional de Referencia en Control Biológico) y los CESV (Comités Estatales de Sanidad Vegetal de los estados) (SENASICA, 2015). Por su parte, *Diaphorencyrtus* sp. sólo ha sido reportado en Sinaloa, pero con niveles muy bajos de parasitismo natural (6.3%) comparado con *T. radiata* que alcanzó un 59.6% de parasitismo natural (Cortez-Mondaca *et al.*, 2010a).

Existe un amplio gremio de depredadores que han sido reportados atacando *D. citri*, dentro de los que destacan varias especies de insectos de las familias Coccinellidae y Chrysopidae. Los coccinélidos que se han reportado hasta el momento son: *Arawana* sp., *Axion* sp, *Azya* sp., *Azya orbigera*, *Brachiacantha decora*, *Brachiacantha testudo*, *Brachiacantha* sp., *Cycloneda sanguínea*, *Cycloneda* sp., *Chilocorus cacti*, *Chilocorus stigma*, *Chilocorus* sp., *Coleomegilla maculata*, *Coleomegilla* sp., *Curinus coeruleus*, *Delphastus* sp., *Exochomus* sp., *Harmonia axyridis*, *Harmonia* sp., *Hippodamia convergens*, *Hippodamia* sp., *Nephus* sp., *Pentilia* sp., *Scymnus distinctus*, *Scymnus loewii*, *Scymnus* sp., *Olla v-nigrum* y *Zagloba* sp.; las especies de crisopas: *Chrysoperla* sp, *Chrysoperla rufilabris*, *Chrysoperla comanche*, *Ceraeochrysa cincta*, *Ceraeochrysa cubana*, *Ceraeochrysa claveri*, *Ceraeochrysa valida*, *Ceraeochrysa everes*, *Ceraeochrysa* sp. y *Chrysopa* sp,; la chinche de la familia Reduviidae: *Zelus longipes*; la avispa depredadora de la familia Vespidae: *Brachygastra mellifica* (Cortez-Mondaca *et al.,* 2010b; Kondo et al., *2017*; Lozano-Contreras & Jasso-Argumedo, 2012).

Trips *Frankinella occidentalis* Pergande, 1895 (Thysanoptera: Thripidae)

Importancia agronómica

Las especies de trips que han sido encontradas afectando limón mexicano son: *Frankliniella bispinosa, Frankliniella cephacila, Frankliniella curticornis, Frankliniella occidentalis, Frankliniella insularis, Scirtothrips citri,*

Scirtothrips persae, Scolothrips sexmaculatus y *Leptotrips sp.* (Avendaño-Gutiérrez *et al.*, 2020; Miranda-Salcedo, 2019).

Fluctuación poblacional

Los mayores picos poblacionales se presentan en noviembre y mayo (una vez que se retiran las lluvias), durante este periodo las huertas que presentan floración y frutos pequeños (menores de 4 cm de diámetro), son altamente susceptibles al ataque de esta plaga, su umbral económico es a partir de 7 adultos por unidad de muestreo (lamina de 38 x 21 cm) (Miranda-Salcedo, 2019). Se caracteriza por ser una plaga con un ciclo de vida muy corto (alrededor de quince días), reproducción sexual y asexual, polífaga y de hábitos crípticos [como adulto vive entre los sépalos de la flor y en los estadios de prepupa y pupa en el suelo] (Mound, 1997; Mound y Teulon, 1995). En el Valle de Apatzingán, Michoacán las condiciones ambientales presentan climas BS1 (h') W (W) secos y cálidos BS1 con temperatura media anual de 27,2 °C y 599,3 mm de precipitación media anual (SMN-CONAGUA, 2016) que favorecen la presencia de trips durante todo el año y la especie reportada más abundante es *F. occidentalis* que afecta alrededor de 50 hospederos (Johansen, 2001).

Daño ocasionado

Los trips son insectos chupadores de aproximadamente 1 mm de longitud, y generalmente se alimentan del contenido de las células de las plantas, especialmente en flores, hojas y frutos, los cuales, al cicatrizar, disminuyen su valor, además de que pueden ser vectores de virus (León & Kondo, 2017). En general, para el cultivo de limón, no son considerados una plaga de importancia, pero a raíz del uso excesivo de insecticidas, sus poblaciones se han incrementado hasta ocasionar pérdidas económicas importantes (Miranda-Salcedo, 2019). En relación al cultivo, la plaga de trips (*Frankliniella occidentalis*) ocasiona un daño físico en el fruto, al alimentarse del tejido tierno de la epidermis causan una laceración cerca del pedúnculo, principalmente desde la etapa de cuajado de fruto y hasta alcanzar un tamaño de 3 mm de diámetro (Figura 2). En brotes tiernos el daño causado es muy notorio, deforman el tejido en hojas tiernas, y cuando el daño es mayor se aprecian ondulaciones que se asemejan a una mano de chango, esto debido a la succión de savia para su alimentación (Figura 3).

Figura 2. Daño ocasionado por *F. occidentalis* en frutos tiernos de limón mexicano.

Figura 3. Daño ocasionado por *F. occidentalis* en brotes tiernos de limón mexicano.

Manejo agronómico

Existe un gran número de productos químicos que controlan a los trips, pero que afectan a sus enemigos naturales y esto incrementa los daños en follaje y frutos de limón mexicano (Miranda-Salcedo et al., 2020a; Miranda-Salcedo et al., 2021). Por lo tanto, la mejor estrategia para el control de trips es usar productos de bajo impacto ambiental por que afectan menos a los organismos no blanco (Miranda-Salcedo, 2019). Estos productos controlan a la plaga en un rango del 40 % y afectan menos a sus enemigos naturales.

Control biológico

Los trips son muy difíciles de controlar mediante insecticidas, debido a su estilo de vida oculto, de modo que el control biológico es la opción más adecuada (Loomans, 2003). Los enemigos naturales de los trips son principalmente trips y ácaros depredadores, aunque también se han reportado antocóridos (Hemiptera: Anthocoridae), crisopas (Neuroptera: Chrysopidae), catarinas (Coleoptera: Coccinellidae) y sírfidos (Diptera: Syrphidae) (León & Kondo, 2017; Loomans, 2003; Miranda-salcedo, 2019). Para cultivos en invernaderos, es muy común liberar ácaros depredadores del género Amblyseius y chinches del género Orius (Lenteren & Loomans, 1995). Se ha encontrado que en el caso de infestaciones graves de trips en limón, lo más indicado es disminuir las aplicaciones de insecticidas químicos y un buen manejo de la maleza, pues actúa como refugio de depredadores de trips como *Chrysoperla rufilabris, Ceraeochrysa cincta, Stetorus sp., Cycloneda sanguínea, Hippodamia convergens, Olla v-nigrum, Zelus renardii, Leptotrips sp.* Y varias especies de arañas (Atakan & Pehlivan, 2019; Miranda-salcedo, 2019). Los trips depredadores que se han encontrado en limón atacando trips de importancia económica son: *Scolothrips sexmaculatus, Leptothrips mcconelli, Stomatothrips brunneus* y *Scolothrips palidus* (Avendaño-Gutiérrez *et al.*, 2020).

Ácaro de los cítricos *Tetranychus urticae* Koch, 1836 (Acari: Tetranychidae)

Importancia agronómica

El ácaro comúnmente llamado araña roja es una plaga común en diversos cultivos, incluyendo los cítricos. Sus poblaciones llegan a causar pérdidas económicas debidas al manchado de los frutos (Pascual-Ruiz *et al.*, 2014). Es una de las plagas más importantes que ataca al cultivo del limón mexicano en los estados de Colima, Michoacán, Oaxaca, Guerrero y Jalisco. En el Valle de Apatzingán es una de las plagas que atacan al limón mexicano que han incrementado su población, principalmente por las condiciones climatológicas y el exceso de aplicaciones (alrededor de 40 al año para diferentes plagas y enfermedades) (Miranda-Salcedo, 2019). La forma más extendida de control ha sido el uso de insecticidas químicos, sin embargo, este método deja de ser efectivo si se prolonga su uso por mucho tiempo. Una alternativa que se ha estado explorando desde hace ya varios años, es el manejo agroecológico, en donde se aproveche el conocimiento de las plagas y sus relaciones ecológicas con otros organismos y su hábitat.

Fluctuación poblacional

La araña roja se presenta principalmente en la época seca y en ataques severos puede ocasionar daños en el follaje y fruto de los árboles, afectando la producción y calidad de los frutos (Orozco-Santos *et al.*, 2013). Su presencia está asociada a las condiciones de clima y al estado del follaje de los árboles. Inicia a partir de los meses de invierno (enero-febrero) hasta poco antes del temporal de lluvias (Medina-Urrutia, 1990).

Daño ocasionado

El ácaro es una de las principales plagas de los cítricos porque daña la fruta antes de la cosecha (Figura 4), además las colonias de *Tetranychus urticae* se ubican preferentemente en el envés de las hojas de los cítricos, donde se protegen con hilos de seda en verano, se alimenta del contenido de las células epidérmicas y del parénquima de la hoja (Fonte *et al.*, 2019). Esta alimentación provoca manchas cloróticas (amarillas) y abultamientos en la parte superior (Fonte *et al.,* 2019; Agut *et al.*, 2013).

Figura 4. Daño de *T. urticae* en frutos de limón mexicano.

T. urticae, sin embargo, es bien conocido por su capacidad para desarrollar resistencia a los acaricidas debido a su alta fertilidad, ciclo de vida corto, reproducción por partenogénesis arrenotópica, abundantes recursos alimenticios y alto grado de polifagia (Van Leeuwen *et al.,* 2010; Dermauw *et al.,* 2013 citados por Fonte *et al.,* 2019). Además, se ha demostrado que los ácaros tetraníquidos desarrollan resistencia más rápido que los fitoseidos depredadores (Schmidt-Jeris *et al.,* 2018 citados por Fonte *et al.,* 2019) lo que agrava el problema, lo que lleva a brotes de poblaciones de araña roja cuando el manejo de plagas no se lleva a cabo correctamente (Fonte *et al.,* 2019).

Manejo integrado

El control de las poblaciones de *T. urticae* depende principalmente de aplicaciones repetidas de acaricidas convencionales, como compuestos organoestánnicos, acaricidas inhibidores del transporte de electrones mitocondriales (fenazaquin, fenpyroximate, piridaben y tebufenpyrad) y piretroides (Anónimo 2003 citado por Choi *et al.*, 2004). Aunque eficaz, su uso repetido durante décadas ha interrumpido los sistemas de control biológico natural y ha llevado al resurgimiento de esta araña roja (Lee 1990 citado por Choi *et al.*, 2004), lo que a veces resulta en el desarrollo de resistencia (Lee & Yoo 1971; Cho *et al.*, 1995, Song *et al.*, 1995 citados por Choi *et al.*, 2004). Estos productos químicos también tienen efectos indeseables en organismos que no son el objetivo y fomentan preocupaciones ambientales y de salud humana (Hayes & Laws 1991 citados por Choi *et al.*, 2004). Para el manejo *T. urticae* existen varios productos que se caracterizan por presentar un poco efecto nocivo en los enemigos naturales, algunos son elaborados de manera artesanal y otros son de origen comercial (Cuadro 2).

Cuadro 2. Insecticidas recomendados para el control de *T. urticae* en limón

mexicano.

Producto	Dosis	Autor
Fractal®; Berni Labs - Extracto de semilla de cítricos (producto comercial)	4 ml/l^{-1}	
Extracto artesanal de meliloto (*Melitus indicus*) solución base al 50%	6 ml/l^{-1}	Miranda-Salcedo et al. (2020b)
Extracto artesanal de pasto africano (*Pennisetum clandestinus*) solución base al 50%	6 ml/l^{-1}	
Extracto de reseda (*Reseda luteola*) solución base al 50%	6 ml/l^{-1}	

Control biológico

En el uso del control biológico por conservación, en donde se ha observado que una elevada diversidad de enemigos naturales disminuye la probabilidad de que las poblaciones de plagas como la araña roja, sobrepasen el umbral de daño económico (Jonhsson *et al.,* 2008). Los enemigos naturales principales de *T. urticae* que son especialistas en alimentarse de ácaros, y que además son muy abundantes en cítricos, son los coccinélidos del género *Stethorus* y *Parastethorus,* además de los ácaros depredadores de la familia Phytoseidae. Otros coccinélidos se alimentan de estos ácaros, pero no son su fuente principal de alimento, como *Hippodamia convergens, Coleomegilla maculata, Harmonia axydiris, Olla abdominalis, Adalia, Eriopus, Hyperaspis, Scymnus* y *Psillobora* (Biddinger *et al.*, 2009; León & Kondo, 2017).

Otros enemigos naturales comunes son las chinches de los géneros A*nthocoris* y *Orius*, además de las crisopas, como *Chrysoperla carnea, Chrysoperla rufilabris* e incluso trips depredadores del género Leptotrips (Miranda-salcedo et al., 2020; León & Kondo, 2017). Los ácaros depredadores de los géneros *Amblyseius, Phytoseiulus* y *Neoseiulus* han sido utilizados en programas de control biológico en todo el mundo para el control de ácaros como *T. urticae* y otros que son frecuentes en invernaderos. Sin embargo, éstos también son comunes en los cítricos, atacando de forma natural a la araña roja (Mcmurtry *et al.*, 2015).

Minador de la hoja *Phyllocnistis citrella* Stainton 1915 (Ledioptera:

Gracillariidae)

El minador de la hoja de los cítricos es una plaga exótica que invadió nuestro país, reportado inicialmente en Tamaulipas en una huerta de naranja valencia en 1994 (Ruíz-Cancino & Coronado-Blanco, 1994). Los principales enemigos naturales observados son parasitoides himenópteros de las familias Eulophidae: *Chrysocharodes* n.sp., *Cirrospilus floridensis, Cirrospilus* sp., *Closterocerus ca. cinctipennis, Galeopsomyia fausta, Horismenus* sp., *Pnigalio* sp.,

Tetrastichus sp., *Zagrammosoma multilineatum*; de la familia Elasmidae: *Elasmus tischeriae* y de la familia Encyrtidae: *Ageniaspis citrícola* y *Metaphycus* sp. (González-Acosta *et al.*, 2015) (Ruíz-Cancino *et al.*, 2001). Los individuos de los géneros *Cirrospilus, Horismenus, Zagrammosoma, Pnigalio* y *Elasmus* se reportaron ocasionando mortalidades de hasta el 22.1 % (Martínez-Bernal *et al.*, 1999). En Nuevo León se encontró como parasitoide dominante a *Z. multilineatum*, alcanzando hasta 38% del total de las especies recolectadas (Legaspi *et al.*, 2001). Todas estas especies se han encontrado parasitando naturalmente al minador, de modo que hasta el momento no se tiene un programa de liberaciones para el control biológico de esta plaga. Por otro lado, también se han reportado a los depredadores: *Chrysoperla* sp., *Chrysoperla rufilabris* (Neuroptera: Chrysopidae), *Hippodamia convergens* (Coleoptera: Coccinellidae) y *Orius insidiosus*; reportándose como el más abundante a *Chrysoperla* sp. (Hemiptera: Anthocoridae) (Legaspi *et al.*, 2001; Martínez-Bernal *et al.*, 1999).

Escama o cochinilla blanda - *Coccus hesperidum* (Linnaeus)

También conocida como la escama marrón o café, *Coccus hesperidum* es un insecto de la familia Coccidae de distribución cosmopolita y polífaga que ataca una amplia variedad de plantas, en regiones tropicales y subtropicales. En nuestro país, es la especie más común reportada atacando cítricos, otros frutales y plantas ornamentales. En general se les encuentra en ramas y hojas, y aunque no es frecuente que representen un peligro a las plantas, ocasionalmente se sí se llega a convertir en un problema para los citricultores (Myartzeva & Ruiz-Cancino, 2011). Existen varios reportes de enemigos naturales que se alimentan de ellas, pero sobresalen las avispas parasitoides de las familias Aphelinidae y Encyrtidae (Myartzeva, 2006). Las principales especies de parasitoides asociados o encontrados parasitando a *C. hesperidum* en cítricos en México pertenecen a los géneros *Coccophagus*, *Encyrtus* y *Metaphycus*. Las especies de afelínidos son: *Coccophagus bimaculatus, Coccophagus lycimnia, Coccophagus pulvinariae, Coccophagus quaestor, Coccophagus rusti, Marietta mexicana;* los encírtidos: *Anicetus annulatus, Encyrtus aurantii, Metaphycus anneckei, Metaphycus flavus, Metaphycus helvolus, Metaphycus maculipes, Metaphycus pulvinariae, Metaphycus stanleyi* y *Metaphycus nietneri* (Myartseva & Ruiz-Cancino, 2004; Myartzeva & Ruiz-Cancino, 2011). En México no se tienen registros de depredadores alimentándose de la escama, pero en otros países reportan algunas especies de coccinélidos que también están presentes en nuestro país y pudieran ejercer algún control natural. Los géneros de catarinitas encontrados atacando *C. hesperidum* son *Chilocorus, Brumoides, Exochomus,* y Azya, así como la especie *Cryptolaemus montrouzieri* (CABI, 2020; León & Kondo, 2017). La palomilla *Laetilia coccidivora* (Lepidoptera: Pyralidae) está reportada en otros países como depredadora de esta escama y está presente en México, aunque no se le haya reportado alimentándose en específico de *C. hesperidum*, sí está reportada atacando la escama *Diaspis echinocacti* (Vanegas-Rico *et al.*, 2018).

Escama de nieve - *Unaspis citri* (Comstock)

La escama de nieve de los cítricos es una plaga muy común y recurrente en limón, y en general en cítricos. Cuando la infestación es muy alta, puede haber defoliación, desecación de ramas e incluso muerte del árbol. Generalmente se alimenta del tronco y las ramas, pero puede encontrarse hasta en hojas y frutos (Coronado-Blanco & Ruiz-Cancino, 1995). Se encuentra distribuida en todo el país, pero con infestaciones más fuertes en las zonas más secas (Coronado-Blanco *et al.*, 2006). Se han registrado varias especies de parasitoides atacando a *U. citri* en Florida, con potencial distribución en México, como *Aspidiotiphagus lounsburyi, Aspidiotiphagus citrinus, Aphytis lingnanensis, Aphytis proclia, Aphytis maculicornis, Aphytis mytilaspidis, Aphytis chrysomphali, Aphytis coheni, Aphytis melinus, Aphytis lycimnia, Aphytis agilior* y *Arrhenophagus albitibiae* (Coronado-Blanco & Ruiz-Cancino, 1995). En México no existe un programa de control biológico para la escama de nieve, pero sus principales enemigos naturales se encuentran presentes en todas las zonas citrícolas del país. Dentro de los parasitoides que se reportan en México hay dos familias de Hymenoptera que la atacan: Aphelinidae y Encyrtidae. Los géneros de afelínidos son *Aphytis, Encarsia* y *Aspidiotiphagus*, mientras que el encírtido es del género *Arrhenophagus* (Coronado-Blanco *et al.*, 2006; Ruíz-Cancino *et al.*, 2006). Por otra parte, los depredadores que atacan a *U. citri*, son principalmente coleópteros de la familia Coccinellidae de los géneros *Exochomus* e *Hyperaspis*; en Colima se ha observado a *Chilocorus cacti* alimentándose de la escama (Coronado-Blanco *et al.*, 2006) y en Tamaulipas se ha reportado como depredador a *Zagloba beaumonti* (Coronado-Blanco *et al.*, 2000). Existe también un reporte de un díptero de la familia Asilidae llamado *Atomosia macquarti*, depredando escamas en el estado de Tamaulipas (Coronado-Blanco & Ruiz-Cancino, 1999). Aunque no se encuentra documentado en artículos, existen observaciones de larvas de crisopas alimentándose de *U. citri* (Figura 5) (Cicero, 2021, observación personal).

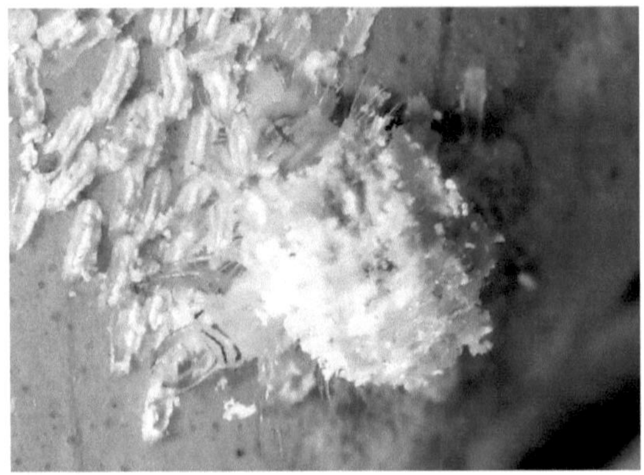

Figura 5. Larva de *Ceraeochrysa* sp. alimentándose de *U. citri*.

Pulgón verde de los cítricos - *Aphis spiraecola* (Patch)

El pulgón verde de los cítricos es un áfido polífago de origen asiático que actualmente se encuentra distribuido en todas las regiones tropicales y templadas del mundo. Su importancia en la industria citrícola radica en que causa daños directos en brotes tiernos, además de ser vector de virus incluido el de la tristeza de los cítricos (León & Kondo, 2017; Villalobos-Muller *et al.,* 2010). Al igual que con el pulgón café y el pulgón negro, en América son pocas las especies de parasitoides que los atacan y logran reducir sus poblaciones. Sin embargo, tienen una amplia variedad de depredadores de las familias Coccinellidae (Coleoptera), Syrphidae (Diptera) y Chrysopidae (Neuroptera). En general, las especies de depredadores reportadas alimentándose de los pulgones *A. citricidus* y *A. aurantii,* son las mismas que para *A. spiraecola*

(Gaona-García *et al.*, 2000). Aunque se conoce que los coccinélidos son depredadores generalistas que atacan pulgones, hay algunas especies que tienen preferencias por el pulgón verde, y/o se desarrollan mejor al alimentarse de los mismos, como *Coleomegilla maculata fuscilabris, Cycloneda sanguínea* y *Harmonia axyridis* (Michaud, 2000).

Mosca negra o prieta de los cítricos - *Aleurocanthus woglumi* (Ashby)

El primer caso de control biológico exitoso en México fue con esta plaga. La mosca prieta de los cítricos es un hemíptero de la familia Aleyrodidae de origen asiático, el cual fue introducido accidentalmente a Sinaloa en 1935 (Arredondo-Bernal & Rodríguez del Bosque, 2020; Myartseva, 2005). En 1949, luego de que la mosca prieta causara estragos en varias regiones citrícolas del país, se introdujeron los parasitoides de la familia Aphelinidae, *Encarsia opulenta* (ahora E*ncarsia perplexa*), *Encarsia clypealis, Encarsia smithi* y *Amitus hesperidium* (Platigastridae). Además, se liberó al coccinélido *Delphastus pusillus*, quienes en conjunto lograron el control de *A. woglumi* (Perales-Gutiérrez *et al.*, 1999). *Amitus hesperiduim* (Silvestri) es un parasitoide himenóptero de la familia Platigastridae originario de India e introducido a México para controlar a la mosca prieta de los cítricos (*Aleurocanthus woglumi,* Ashby) (Nguyen, 2018). Después de su liberación en México, tuvo tal éxito que actualmente ésta es la manera más eficaz y recomendada de controlar la plaga (Smith *et al.*, 1964). En conjunto con el parasitoide introducido *Encarsia perplexa* (frecuentemente confundida como *E. opulenta*), y que además ya se encuentran ampliamente distribuidos en todo el país, han logrado un control muy eficaz en todo el país (Myartseva, 2005). Los depredadores de la mosca prieta prácticamente no se mencionan en la literatura debido al control tan exitoso alcanzado con los parasitoides. Se llegan a mencionar algunos depredadores que se alimentan de huevos principalmente, como catarinas del género *Delphastus* y larvas de neurópteros del género *Chrysoperla* y *Ceraeochrysa*, para El Salvador (Quezada, 1974). En México, además de *D. pusillus*, se tienen reportes de una especie de coccinélido del género *Scymnus* atacando a *A. woglumi* (Arredondo-Bernal & Rodríguez del Bosque, 2008).

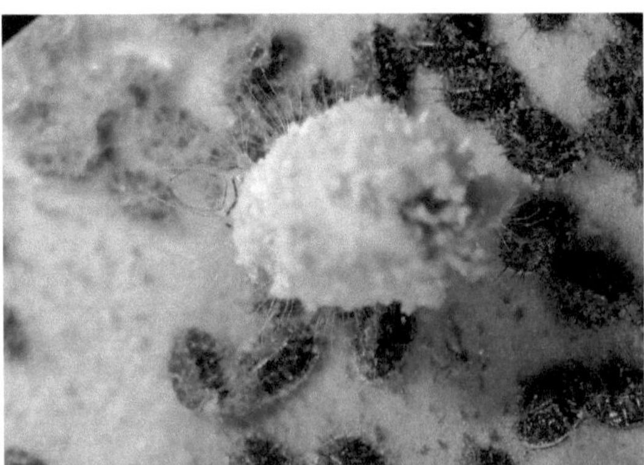

Figura 6. Larva de *Ceraeochrysa* sp. alimentándose de mosca prieta.

Control biológico de plagas de limón mexicano

La forma más común de control de plagas en limón, y en general en cítricos, es mediante el uso de plaguicidas químicos sintéticos, no obstante, fue en cítricos en donde se tiene conocimiento del primer registro del uso de control biológico a través de hormigas de la especie *Oecophylla smaragdina* Fabr. (Huang & Yang, 1987). Además, uno de los ejemplos más conocidos de éxito del control biológico fue también en cítricos con la catarinita Vedalia (*Rodolia cardinalis* Mulsant) para el control de la cochinilla acanalada (*Icerya Purchasi* Maskell) (Caltagirone & Doutt, 1989; Fleschner, 1959).

Existen escenarios en los que los plaguicidas sintéticos no son la elección más apropiada y no son capaces de controlar plagas de manera efectiva (Hajek, 2004). Una de las principales razones por las que se debe limitar su uso es porque al aplicarse no sólo se impacta la población de la plaga, sino que también afecta a la vasta comunidad de enemigos naturales. Al disminuir las poblaciones de la entomofauna benéfica (i.e. insectos polinizadores y enemigos naturales), es muy probable que la misma plaga, o plagas secundarias incrementen sus números y ocasionen más daños a la producción (Hill et al., 2017). La aplicación frecuente de plaguicidas evita que las poblaciones de enemigos naturales se mantengan y provoca también la resistencia de la plaga a los componentes del plaguicida, disminuyendo drásticamente su efectividad (Monzo et al., 2014).

El abuso y el uso incorrecto de insecticidas sintéticos han ocasionado severos problemas fitosanitarios en huertos citrícolas. Un ejemplo es el caso de la mosca negra o prieta de los cítricos, *Aleurocanthus woglumi* (Ashby, 1915). Estos hemípteros de la familia Aleyrodidae no son plagas primarias, sin embargo, se convierten en un problema al eliminar a la comunidad de enemigos naturales que mantienen bajas sus poblaciones (Nguyen et al., 2007). En este caso, el control biológico ha demostrado ser la mejor opción, y sólo hasta que la comunidad de enemigos naturales se restaura, la mosca prieta se controla (Ruíz-Cancino et al., 2006).

El control biológico de plagas en cítricos es muy antiguo (China, año 300 d.C.), sin embargo, cada día se reportan nuevas estrategias y métodos para incrementar su eficacia, ya sea mediante liberaciones continuas, inoculaciones en etapas clave, o mediante la conservación de sus micro-hábitats (Van Driesche et al., 2008). En este sentido, el uso de enemigos naturales es muy variado y actualmente se ha extendido en todo el mundo.

Los principales enemigos naturales que ayudan a regular las poblaciones de insectos plaga se dividen en dos grandes grupos: 1) entomófagos y 2) patógenos. En el primer grupo, y del que hablaremos en este capítulo, se encuentran organismos que consumen a otros, en donde se incluyen insectos y arácnidos.

Por otro lado, los patógenos se caracterizan por ocasionar enfermedades y pueden incluir una amplia variedad de organismos como hongos, virus, bacterias, protozoarios y nematodos (Dent, 2000).

Parasitoides

Los insectos entomófagos más ampliamente utilizados en el control biológico aplicado son las avispas parasitoides. Su éxito y preferencia de uso se debe a su mayor nivel de especialización con respecto a los artrópodos depredadores (Bernal & España-Luna, 2020).

Los parasitoides son organismos abundantes que forman parte de la mayoría de las comunidades de organismos terrestres; además pertenecen a una gran variedad de familias de insectos y son conocidos principalmente porque atacan plagas de importancia económica. De hecho, muchos insectos se han convertido en plagas debido a que escapan de sus parasitoides, ya sea porque han sido transportados por el hombre a nuevas regiones geográficas, o porque los parasitoides no pueden desarrollarse en los paisajes de la agricultura intensiva (Godfray, 2016).

Todos los parasitoides son insectos holometábolos, es decir, pasar por cuatro estadios de desarrollo, huevo, larva, pupa y adulto (Bernal & España-Luna,

2020). Se definen principalmente por sus hábitos alimenticios. Las hembras parasitoides colocan sus huevos en o cerca del cuerpo de otros artrópodos (sus hospederos) para que al eclosionar la larva, ésta se alimente exclusivamente de su hospedero, ocasionándole la muerte. Por su parte, los parasitoides adultos se alimentan principalmente de néctar y sustancias dulces como la mielecilla producto de las excreciones de insectos chupadores, sin embargo algunas especies pueden alimentarse también de la hemolinfa de sus hospederos (Godfray, 1994). De este modo, los parasitoides que además de utilizar a sus hospederos para reproducirse los utilizan también como fuente de alimento, son considerados como parasitoides y depredadores, y son apreciados en programas de control biológico debido a su doble papel.

Una característica importante que los ha llevado a ser los enemigos naturales más utilizados, es la denso-dependencia con sus hospederos (Bernal & España-Luna, 2020; DeBach & Rosen, 1991). Los parasitoides y sus hospederos mantienen una estrecha relación tanto a nivel de individuo como a nivel poblacional. En este sentido, las poblaciones de los parasitoides estarán sujetas a los cambios en las densidades poblacionales de sus hospederos, así, al aumentar la población de la plaga, lo hará también la de los parasitoides, y viceversa.

<u>Clasificación de parasitoides</u>

Tres cuartas partes de los insectos parasitoides pertenecen al orden Hymenoptera, y la cuarta parte restante está compuesta por insectos de otros órdenes, principalmente Diptera y Coleoptera. Los dípteros parasitoides tienen un rango más amplio de hospederos que los pertenecientes a los himenópteros o coleópteros (Eggleton & Belshaw, 1992). Por su parte, las avispas parasitoides pertenecen a un grupo megadiverso de organismos, en donde una de las subfamilias más ricas en especies es Ichneumonidae, llamadas también las "avispas de Darwin"(Klopfstein et al., 2019).

Existen varias formas en las que se clasifican a los parasitoides de acuerdo a su biología y ecología. Por ejemplo se les llama Endo- o Ecto-parasitoides, dependiendo del lugar en dónde el huevo es colocado en el hospedero. También se pueden dividir dependiendo si uno o más organismos se desarrollan en un hospedero. Así, los parasitoides gregarios son aquellos en los que de un solo hospedero emergen varios individuos, mientras que de los solitarios, sólo emerge un adulto por hospedero (Quicke, 1997).

Los parasitoides pueden ser Idiobiontes o Koinobiontes, dependiendo de la forma en la que atacan y paralizan a sus hospederos. Los primeros se caracterizan por paralizar permanentemente a sus hospederos, mientras que los Koinobiontes, sólo los paralizan temporalmente para ovipositar. En general se considera que los Idiobiontes son en su mayoría ectoparasitoides, mientras que los Koinobiontes suelen ser endoparasitoides (Godfray, 1994).

Otra forma de clasificarlos es mediante el estadio del hospedero en el que se desarrollan, por ejemplo, hay parasitoides de huevo, de larva, de ninfa, de pupa y de adultos. También hay parasitoides primarios y secundarios. Los primarios son aquellos que parasitan cualquier insecto o artrópodo en cualquier estadio, excepto especies parasitoides, mientras que los parasitoides secundarios, son aquellos especializados en parasitar otros parasitoides. A éstos últimos también se les conoce como hiperparasitoides. Generalmente, en el control biológico aplicado se utilizan los parasitoides primarios(Bernal & España-Luna, 2020).

Depredadores

Dentro del grupo de los depredadores invertebrados existe una amplia diversidad de artrópodos. Son especies que durante alguna etapa de su vida matan y se alimentan de otros organismos para su desarrollo, mantenimiento y reproducción (Van Driesche et al., 2008). Los depredadores se caracterizan por alimentarse de varias presas durante toda su vida, a diferencia de los parasitoides, que sólo necesitan de un hospedero para completar su desarrollo (Begon et al., 2006).

Estos organismos son en su mayoría generalistas, es decir se alimentan de una amplia variedad de presas. Y a diferencia de los parasitoides, son generalmente de tamaño mayor al de sus presas, además, pueden alimentarse de cualquier estadío (desde huevos hasta adultos). Muchos son nocturnos y/o crepusculares (que cazan al anochecer o al amanecer), y además de presas, suelen consumir también savia, polen, néctar, mielecilla y esporas de hongos (Van Driesche et al., 2008). Para encontrar a sus presas, primero localizan el hábitat mediante estímulos químicos, incluyendo volátiles de plantas. Una vez encontrado el lugar indicado, utilizan la vista, los movimientos (como vibraciones) y otros estímulos químicos.

Los depredadores utilizan diversos métodos de caza y captura de presas. Las especies altamente móviles buscan activamente entre la vegetación o en el suelo, generalmente es el caso en el que las presas son organismos más pequeños, y éstas son perseguidas y atrapadas, como por ejemplo las mantis y algunos hemípteros. Otros depredadores como las arañas cangrejo, emboscan a sus presas, esperándolas en flores (Van Driesche et al., 2008). Las trampas también son utilizadas como método de caza por organismos como larvas de hormigas lobo, o arañas que tejen telarañas. Otro método es el ataque en grupo, como el que suelen emplear muchas hormigas (Hajek, 2004).

Existen diferentes formas en las que los depredadores se alimentan de sus presas, la más común es la digestión extra-oral. Aproximadamente el 79% de los artrópodos depredadores la utilizan como medio de alimentación. La digestión extra-oral se produce al inyectar enzimas digestivas en la presa, provocando la licuefacción de los tejidos para luego ser ingeridos por succión (Cohen, 1995). Otros depredadores utilizan sus mandíbulas para desmembrar y moles a sus presas para alimentarse (Hajek, 2004).

Para el control biológico, los grupos de insectos depredadores más importantes pertenecen a los órdenes: Coleoptera, Hemiptera, Hymenoptera y Diptera, y dentro de éstos, a las familias: Anthocoridae, Nabidae, Reduviidae, Geocoridae, Carabidae, Coccinellidae, Nitidulidae, Staphylinidae, Chrysopidae, Formicidae, Cecidomyiidae, and Syrphidae. En cuanto a los ácaros, la familia Phytoseiidae es la más representativa (Van Driesche et al., 2008).

Principales plagas de limón y sus enemigos naturales

Las principales plagas del limón son también compartidas por la mayoría de otros cítricos, y dado que los cítricos tienen una distribución mundial, sus plagas se encuentran infestando cítricos en todo el planeta. Asimismo, muchas de las plagas tienen enemigos naturales con distribuciones cosmopolitas que han sido introducidos a varios países en programas de control biológico. Sin embargo, también se han reportado depredadores y parasitoides nativos atacando estas plagas. Para fines prácticos, los enemigos naturales mencionados aquí son aquellos que han sido reportados en nuestro país, ya sean exóticos o nativos. Adicionalmente, es importante mencionar que en algunos casos, éstos enemigos naturales sólo se encuentran presentes en algunas regiones de México, o sus abundancias y presencia en las huertas cambia dependiendo de las condiciones ambientales y del microclima de cada área. A continuación se mencionarán las principales plagas asociadas a limón y sus enemigos naturales (parasitoides y depredadores) reportados para México.

1. Psílido asiático de los cítricos - *Diaphorina citri* (Kuwayama)

El psílido asiático de los cítricos es una plaga exótica que fue detectada en nuestro país en 2002. Su importancia radica no sólo en que ocasiona daños directos a la planta, sino que además es el principal vector de la enfermedad del Huanglongbing o HLB de los Cítricos provocada por la bacteria *Candidatus* Liberibacter spp. (Sánchez-González et al., 2015).

Su principal enemigo natural es el ectoparasitoide especialista *Tamarixia radiata* (Waterston), que se alimenta externamente de los últimos estadios ninfales de *D. citri* y que fue introducido a varios países desde Punjab en la India (Shivankar et al., 2000). *Tamarixia radiata* se encuentra reportado en varios estados del país y se cree que se introdujo junto con su hospedero, aunque ahora está siendo producido y liberado por el CNRCB (Centro Nacional de Referencia en Control Biológico) y los CESV (Comités Estatales de Sanidad Vegetal de los estados) (SENASICA, 2015). Por su parte, *Diaphorencyrtus* sp. sólo ha sido reportado en Sinaloa, pero con niveles muy bajos de parasitismo natural (6.3%) comparado con *T. radiata* que alcanzó un 59.6% de parasitismo natural (Cortez-Mondaca et al., 2010).

Existe un amplio gremio de depredadores que han sido reportados atacando *D. citri*, dentro de los que destacan varias especies de insectos de las familias Coccinellidae y Chrysopidae. Los coccinélidos que se han reportado hasta el momento son: *Arawana* sp., *Axion* sp, *Azya* sp., *Azya orbigera*, *Brachiacantha decora*, *Brachiacantha testudo*, *Brachiacantha* sp., *Cycloneda sanguínea*, *Cycloneda* sp., *Chilocorus cacti*, *Chilocorus stigma*, *Chilocorus* sp., *Coleomegilla maculata*, *Coleomegilla* sp., *Curinus coeruleus*, *Delphastus* sp., *Exochomus* sp., *Harmonia axyridis*, *Harmonia* sp., *Hippodamia convergens*, *Hippodamia* sp., *Nephus* sp., *Pentilia* sp., *Scymnus distinctus*, *Scymnus loewii*, *Scymnus* sp., *Olla v-nigrum* y *Zagloba* sp.; las especies de crisopas: *Chrysoperla* sp, *Chrysoperla rufilabris*, *Chrysoperla comanche*, *Ceraeochrysa cincta*, *Ceraeochrysa cubana*, *Ceraeochrysa claveri*, *Ceraeochrysa valida*, *Ceraeochrysa everes*, *Ceraeochrysa* sp. y *Chrysopa* sp, ; la chinche de la familia

Reduviidae: *Zelus longipes*; la avispa depredadora de la familia Vespidae: *Brachygastra mellifica* (Cortez-Mondaca et al., 2010; Kondo et al., 2017; Lozano-Contreras & Jasso-Argumedo, 2012).

Actualmente, en el país se realizan liberaciones inoculativas de *T. radiata* en varios estados citrícolas. Estas liberaciones van principalmente dirigidas a traspatios y huertos abandonados, aunque en algunos lugares ya se empiezan a liberar en huertos comerciales que tienen un manejo más orgánico. Por otro lado, en algunos estados, se liberan depredadores como *Chrysoperla carnea* que se encuentran en producción en algunos laboratorios.

2. Minador de la hoja de los cítricos - *Phyllocnistis citrella* (Stainton)

El minador de la hoja de los cítricos es una plaga exótica que invadió nuestro país, reportado inicialmente en Tamaulipas en una huerta de naranja valencia en 1994 (Ruíz-Cancino & Coronado-Blanco, 1994). Los principales enemigos naturales observados son parasitoides himenópteros de las familias Eulophidae: *Chrysocharodes* n.sp., *Cirrospilus floridensis*, *Cirrospilus* sp., *Closterocerus* ca. *cinctipennis*, *Galeopsomyia fausta*, *Horismenus* sp., *Pnigalio* sp., *Tetrastichus* sp., *Zagrammosoma multilineatum*; de la familia Elasmidae: *Elasmus tischeriae* y de la familia Encyrtidae: *Ageniaspis citrícola* y *Metaphycus* sp. (González-Acosta et al., 2015) (Ruíz-Cancino et al., 2001). Los individuos de los géneros *Cirrospilus, Horismenus, Zagrammosoma, Pnigalio,* y *Elasmus* se reportaron ocasionando mortalidades de hasta el 22.1 % (Martínez-Bernal et al., 1999). En Nuevo León se encontró como parasitoide dominante a *Z. multilineatum,* alcanzando hasta 38% del total de las especies recolectadas (Legaspi et al., 2001). Todas estas especies se han encontrado parasitando naturalmente al minador, de modo que hasta el momento no se tiene un programa de liberaciones para el control biológico de esta plaga.

Por otro lado, también se han reportado a los depredadores: *Chrysoperla* sp., *Chrysoperla rufilabris* (Neuroptera: Chrysopidae), *Hippodamia convergens* (Coleoptera: Coccinellidae) y *Orius insidiosus*; reportándose como el más abundante a *Chrysoperla* sp. (Hemiptera: Anthocoridae) (Legaspi et al., 2001; Martínez-Bernal et al., 1999).

3. Mosca blanca algodonosa de los cítricos - *Aleurothrixus floccosus* (Maskell)

La mosca blanca algodonosa o lanuda de los cítricos es de origen Neotropical y fue descrita en Jamaica, sin embargo, ya está presente alrededor del mundo, en donde se cultivan cítricos (Martin & Mound, 2007; S. N. Myartseva & Coronado-Blanco, 2007). Los principales enemigos naturales que se han descrito para nuestro país son parasitoides himenópteros de la familia

Aphelinidae. Las especies más importantes son: *Eretmocerus comperei,*

Eretmocerus jimenezi, Eretmocerus longiterebrus, Eretmocerus naranjae,

Eretmocerus paulistus, Eretmocerus portoricensis, Encarsia americana,

Encarsia citrella, Encarsia dominicana, Encarsia formosa, Encarsia haitiensis,

Encarsia macula, Encarsia quaintancei, Encarsia tapachula y *Cales noacki* y

Signiphora townsendi de la familia Signiphoridae (Carapia-Ruiz et al., 2009; S.

N. Myartseva & Coronado-Blanco, 2007; S N Myartseva et al., 2013;

Myartzeva et al., 2017).

Aunque no se tienen registros de depredadores de *A. floccosus* en nuestro país,

en Arizona y Texas en EUA, mencionan que varias especies de depredadores

generalistas asociados a cítricos se alimentan de ellas. Ejemplos de éstos

depredadores son crisopas, catarinas, trips y ácaros depredadores, chinches

como *Orius* y nábidos, así como varias especies de arañas (Kerns et al., 2004).

4. Mosca negra o prieta de los cítricos - *Aleurocanthus woglumi* (Ashby)

El primer caso de control biológico exitoso en México fue con esta plaga. La

mosca prieta de los cítricos es un hemíptero de la familia Aleyrodidae de origen

asiático, el cual fue introducido accidentalmente a Sinaloa en 1935 (Arredondo-

Bernal & Rodríguez del Bosque, 2020; Myartseva, 2005). En 1949, luego de

que la mosca prieta causara estragos en varias regiones citrícolas del país, se introdujeron los parasitoides de la familia Aphelinidae, *Encarsia opulenta* (ahora *Encarsia perplexa*), *Encarsia clypealis*, *Encarsia smithi* y *Amitus hesperidium* (Platigastridae). Además se liberó al coccinélido *Delphastus pusillus*, quienes en conjunto lograron el control de *A. woglumi* (Perales-Gutiérrez et al., 1999).

Amitus hesperiduim (Silvestri) es un parasitoide himenóptero de la familia Platigastridae originario de India e introducido a México para controlar a la mosca prieta de los cítricos (*Aleurocanthus woglumi*, Ashby) (Nguyen, 2018). Después de su liberación en México, tuvo tal éxito que actualmente ésta es la manera más eficaz y recomendada de controlar la plaga (Smith et al., 1964). En conjunto con el parasitoide introducido *Encarsia perplexa* (frecuentemente confundida como *E. opulenta*), y que además ya se encuentran ampliamente distribuidos en todo el país, han logrado un control muy eficaz en todo el país (Myartseva, 2005).

Los depredadores de la mosca prieta prácticamente no se mencionan en la literatura debido al control tan exitoso alcanzado con los parasitoides. Se llegan a mencionar algunos depredadores que se alimentan de huevos principalmente, como catarinas del género *Delphastus* y larvas de neurópteros del género *Chrysopa*, para El Salvador (Quezada, 1974). En México, además de *D.*

pusillus, se tienen reportes de una especie de coccinélido del género *Scymnus* atacando a *A. woglumi* (Arredondo-Bernal & Rodríguez del Bosque, 2008).

5. Escama de nieve - *Unaspis citri* (Comstock)

La escama de nieve de los cítricos es una plaga muy común y recurrente en limón, y en general en cítricos. Cuando la infestación es muy alta, puede haber defoliación, desecación de ramas e incluso muerte del árbol. Generalmente se alimenta del tronco y las ramas, pero puede encontrarse hasta en hojas y frutos (Coronado-Blanco & Ruiz-Cancino, 1995). Se encuentra distribuida en todo el país, pero con infestaciones más fuertes en las zonas más secas (Coronado-Blanco et al., 2006).

Se han registrado varias especies de parasitoides atacando a *U. citri* en Florida, con potencial distribución en México, como *Aspidiotiphagus lounsburyi*, *Aspidiotiphagus citrinus*, *Aphytis lingnanensis*, *Aphytis proclia*, *Aphytis maculicornis*, *Aphytis mytilaspidis*, *Aphytis chrysomphali*, *Aphytis coheni*, *Aphytis melinus*, *Aphytis lycimnia*, *Aphytis agilior* y *Arrhenophagus albitibiae* (Coronado-Blanco & Ruiz-Cancino, 1995). En México no existe un programa de control biológico para la escama de nieve, pero sus principales enemigos naturales se encuentran presentes en todas las zonas citrícolas del país. Dentro de los parasitoides que se reportan en México hay dos familias de Hymenoptera que la atacan: Aphelinidae y Encyrtidae. Los géneros de afelínidos son *Aphytis*, *Encarsia* y *Aspidiotiphagus*, mientras que el encírtido es del género *Arrhenophagus* (Coronado-Blanco et al., 2006; Ruíz-Cancino et al., 2006).

Por otra parte, los depredadores que atacan a *U. citri*, son principalmente coleópteros de la familia Coccinellidae de los géneros *Exochomus* e *Hyperaspis*; en Colima se ha observado a *Chilocorus cacti* alimentándose de la escama (Coronado-Blanco et al., 2006); y en Tamaulipas se ha reportado como depredador a *Zagloba beaumonti* (Coronado-Blanco et al., 2000). Existe también un reporte de un díptero de la familia Asilidae llamado *Atomosia macquarti*, depredando escamas en el estado de Tamaulipas (Coronado-Blanco & Ruiz-Cancino, 1999).

6. Escama o cochinilla blanda - *Coccus hesperidum* (Linnaeus)

También conocida como la escama marrón o café, *Coccus hesperidum* es un insecto de la familia Coccidae de distribución cosmopolita y polífaga que ataca una amplia variedad de plantas, en regiones tropicales y subtropicales. En nuestro país, es la especie más común reportada atacando cítricos, otros frutales y plantas ornamentales. En general se les encuentra en ramas y hojas, y aunque no es frecuente que representen un peligro a las plantas, ocasionalmente se sí se llega a convertir en un problema para los citricultores (Myartzeva & Ruiz-

Cancino, 2011). Existen varios reportes de enemigos naturales que se alimentan de ellas, pero sobresalen las avispas parasitoides de las familias Aphelinidae y Encyrtidae (Myartzeva, 2006). Las principales especies de parasitoides asociados o encontrados parasitando a *C. hesperidum* en cítricos en México pertenecen a los géneros *Coccophagus, Encyrtus* y *Metaphycus*. Las especies de afelínidos son: *Coccophagus bimaculatus, Coccophagus lycimnia, Coccophagus pulvinariae, Coccophagus quaestor, Coccophagus rusti, Marietta mexicana*; los encírtidos: *Anicetus annulatus, Encyrtus aurantii, Metaphycus anneckei, Metaphycus flavus, Metaphycus helvolus, Metaphycus maculipes, Metaphycus pulvinariae, Metaphycus stanleyi* y *Metaphycus nietneri* (Myartseva & Ruiz-Cancino, 2004; Myartzeva & Ruiz-Cancino, 2011). En México no se tienen registros de depredadores alimentándose de la escama, pero en otros países reportan algunas especies de coccinélidos que también están presentes en nuestro país y pudieran ejercer algún control natural. Los géneros de catarinas encontrados atacando *C. hesperidum* son *Chilocorus, Brumoides, Exochomus,* y *Azya,* así como la especie *Cryptolaemus montrouzieri* (CABI, 2020a; León & Kondo, 2017). La palomilla *Laetilia coccidivora* (Lepidoptera: Pyralidae) está reportada en otros países como depredadora de ésta escama y está presente en México, aunque no se le haya reportado alimentándose en específico de *C. hesperidum*, sí está reportada atacando la escama *Diaspis echinocacti* (Vanegas-Rico et al., 2018).

7. Piojo harinoso de los cítricos - *Planococcus citri* (Risso)

La cochinilla o piojo harinoso de los cítricos es una plaga común, es nativo de Asia pero actualmente se distribuye por todo el mundo. Es un insecto polífago que se alimenta principalmente de las partes aéreas de las plantas como tallos, botones florales y frutos jóvenes, pero también se pueden encontrar en las raíces (León & Kondo, 2017; Rosas-Garcja et al., 2009).

Se han probado diferentes agentes de control biológico, entre ellos, algunos parasitoides de la familia Encyrtidae como *Anagyrus kamali*, *Anagyrus pseudococci, Coccidoxenoides peregrinus* y *Leptomastidea abnormis* pero sin éxito, pues en algunos casos *P. citri* logra encapsular los huevos del parasitoide y evitando su desarrollo (Blumberg & Van Driesche, 2001; Ruíz-Cancino et al., 2006). También se ha liberado al parasitoide *Leptomastix dactylopii*, sin embargo su preferencia por parasitar tercer y cuarto instares del piojo, no son suficientes para lograr una disminución significativa de la plaga. Debido a esto, en México se ha utilizado al coccinélido depredador nativo de Australia, *Cryptolaemus montrouzieri*, quien ha resultado ser muy efectivo (Rosas-Garcja et al., 2009).

En Florida, en EUA, reportan también otros depredadores como *Sympherobius barberi* y *Chrysopa lateralis* (Neuroptera: Chrysopidae), larvas de moscas de la familia Syrphidae, a la palomilla *Laetilia cocidivora* (Lepidoptera: Pyralidae) y coccinélidos como *Decadiomus bahamicus*, *Scymnus flavifrons*, *Chilocorus stigma* y *Olla abdominalis* (Gill et al., 2012).

8. Pulgón café de los cítricos – *Aphis* (*Toxoptera*) *citricidus* (Kirkaldy)

Se considera que el pulgón café es originario de Asia, de donde provienen los cítricos, pues se le conoce por su amplia distribución en casi todo el mundo. Las últimas regiones en las que se detectó fue en Norte y Centro-América (CABI, 2020b; León & Kondo, 2017). En México se detectó en el año 2000 en el norte de la Península de Yucatán (Michaud & Alvarez, 2000). Su importancia radica no sólo en el daño físico que provoca en los brotes de los árboles de cítricos, sino porque es un vector eficiente del closterovirus responsable de la enfermedad de la Tristeza de los Cítricos (CTV), que causa la muerte de los mismos (Michaud, 1998).

Se buscaron enemigos naturales del pulgón café en todo el mundo, y encontraron muy pocos parasitoides que atacaran a esta plaga. Quizás la única especie de parasitoide que ejerce algún tipo de control es *Lysiphlebia japónica* (originaria de Japón), sin embargo, se hicieron liberaciones en Florida sin mucho éxito, por lo que la mayoría de los estudios se enfocaron en buscar depredadores eficientes (Michaud, 1998). En Florida se evaluaron siete coccinélidos candidatos como controladores de los pulgones, y encontraron que la especie con más potencial fue *Cycloneda sanguínea* (Michaud, 2000). En el mundo se identificaron más de 100 especies de enemigos naturales, de las cuales, unas 18 se encuentran presentes en México (SENASICA, 2019).

Para el control biológico de *T. citricidus* en México se enfocaron en el uso de depredadores. Para ello, se hicieron liberaciones del coccinélido exótico *Harmonia axidiris* y otros depredadores nativos como *Ceraeochrysa claveri*, *Cycloneda sanguínea* y *Olla v-nigrum*, sin embargo, no se cuantificó su impacto (Arredondo-Bernal & Rodríguez del Bosque, 2020).

9. Pulgón negro de los cítricos – *Aphis* (*Toxoptera*) *aurantii* (Boyer de Fonscolombe)

Aphis aurantii es un pulgón que ataca varias especies de plantas, principalmente cítricos, y se encuentra presente en todos los continentes del planeta (Villalobos-Muller et al., 2010). Su importancia radica en que daña los brotes tiernos y hojas de las plantas, afectando su crecimiento, pero sobretodo porque es vector de virus. En México se distribuye en al menos 26 estados (Rodríguez-Palomera et al., 2017).

El parasitoide más común reportado en México parasitando al pulgón negro es *Lysiphlebus testaceipes*. Es de la familia Braconidae, considerado polífago, pues parasita 32 especies de pulgones de importancia económica. En cuanto a depredadores, éstos son más diversos, y atacan los diferentes estadíos del pulgón. Dentro de los más comunes están los coleópteros de la familia Coccinellidae: *Arawana* sp., *Brachyacantha subfasciata*, *Brachyacantha dentipes*, *Brachyacantha quadrillum*, *Cycloneda sanguinea*, *Hippodamia* sp, *Hyperaspis connectens*, *Hyperaspis levrati*, *Olla v-nigrum*, *Mulsantina leucodorsa*, *Psyllobora renifer*, *Scymnus tenebricus*, *Scymnus marginicollis*, *Scymnus loweii* y *Stethorus* sp.; de la familia de dípteros Syrphidae: *Ocyptamus* sp. y *Pseudodoros clavatus*; y neurópteros de la familia Chrysopidae: *Chrysoperla rufilabris*, *Chrysoperla bimaculata*, *Chrysoperla externa*, *Chrysoperla comanche*, *Suarius* (*Chrysopodes*) *collaris* y *Laucochrysa* (*Nodita*) sp. Todos estos enemigos naturales ejercen un control natural, por lo que es vital evitar aplicaciones de insecticidas muy frecuentes (Cambero-Nava et al., 2019; Gaona-García et al., 2000).

10. Pulgón verde de los cítricos - *Aphis spiraecola* (Patch)

El pulgón verde de los cítricos es un áfido polífago de origen asiático que actualmente se encuentra distribuido en todas las regiones tropicales y templadas del mundo. Su importancia en la industria citrícola radica en que causa daños directos en brotes tiernos, además de ser vector de virus incluido el de la tristeza de los cítricos (León & Kondo, 2017; Villalobos-Muller et al., 2010).

Al igual que con el pulgón café y el pulgón negro, en América son pocas las especies de parasitoides que los atacan y logran reducir sus poblaciones. Sin embargo, tienen una amplia variedad de depredadores de las familias Coccinellidae (Coleoptera), Syrphidae (Diptera) y Chrysopidae (Neuroptera). En general, las especies de depredadores reportadas alimentándose de los pulgones *A. citricidus* y *A. aurantii*, son las mismas que para *A. spiraecola* (Gaona-García et al., 2000).

Aunque se conoce que los coccinélidos son depredadores generalistas que atacan pulgones, hay algunas especies que tienen preferencias por el pulgón verde, y/o se desarrollan mejor al alimentarse de los mismos, como *Coleomegilla maculata fuscilabris*, *Cycloneda sanguínea* y *Harmonia axyridis* (Michaud, 2000).

11. Trips (Thysanoptera: Thripidae)

Los trips son insectos chupadores de aproximadamente 1 mm de longitud, y generalmente se alimentan del contenido de las células de las plantas, especialmente en flores, hojas y frutos, los cuales, al cicatrizar, disminuyen su valor, además de que pueden ser vectores de virus (León & Kondo, 2017). En general, para el cultivo de limón, no son considerados una plaga de importancia, pero a raíz del uso excesivo de insecticidas, sus poblaciones se han incrementado hasta ocasionar pérdidas económicas importantes (Miranda-Salcedo, 2019).

La especies de trips que han sido encontradas afectando limón mexicano son: *Frankliniella bispinosa, Frankliniella cephacila, Frankliniella curticornis, Frankliniella occidentalis, Frankliniella insularis, Scirtothrips citri, Scirtothrips persae, Scolothrips sexmaculatus* y *Leptotrips* sp. (Avendaño-Gutiérrez et al., 2020; Miranda-Salcedo, 2019).

Los trips son muy difíciles de controlar mediante insecticidas, debido a su estilo de vida oculto, de modo que el control biológico es la opción más adecuada (Loomans, 2003). Los enemigos naturales de los trips son principalmente trips y ácaros depredadores, aunque también se han reportado antocóridos (Hemiptera: Anthocoridae), crisopas (Neuroptera: Chrysopidae), catarinas (Coleoptera: Coccinellidae) y sírfidos (Diptera: Syrphidae) (León & Kondo, 2017; Loomans, 2003; Miranda-salcedo, 2019). Para cultivos en invernaderos, es muy común liberar ácaros depredadores del género *Amblyseius* y chinches del género *Orius* (Lenteren & Loomans, 1995). Se ha encontrado que en el caso de infestaciones graves de trips en limón, lo más indicado es disminuir las aplicaciones de insecticidas químicos y un buen manejo de la maleza, pues actúa como refugio de depredadores de trips como *Chrysoperla rufilabris, Ceraeochrysa cincta, Stetorus* sp., *Cycloneda sanguínea, Hippodamia convergens, Olla v-nigrum, Zelus renardii, Leptotrips* sp. y varias especies de arañas (Atakan & Pehlivan, 2019; Miranda-salcedo, 2019).

Los trips depredadores que se han encontrado en limón atacando trips de importancia económica son: *Scolothrips sexmaculatus, Leptothrips mcconelli, Stomatothrips brunneus* y *Scolothrips palidus* (Avendaño-Gutiérrez et al., 2020).

12. Araña roja - *Tetranychus urticae* (Koch)

El ácaro comúnmente llamado araña roja es una plaga común en diversos cultivos, incluyendo los cítricos. Sus poblaciones llegan a causar pérdidas económicas debidas al manchado de los frutos (Pascual-Ruiz et al., 2014). La forma más extendida de control ha sido el uso de insecticidas químicos, sin embargo, éste método deja de ser efectivo si se prolonga su uso por mucho tiempo. Una alternativa que se ha estado explorando desde hace ya varios años, es el manejo agroecológico, en donde se aproveche el conocimiento de las plagas y sus relaciones ecológicas con otros organismos y su hábitat. Uno de los enfoques es el uso del control biológico por conservación, en donde se ha observado que una elevada diversidad de enemigos naturales disminuye la probabilidad de que las poblaciones de plagas como la araña roja, sobrepasen el umbral de daño económico (Jonsson et al., 2008).

Los enemigos naturales principales de *T. urticae* que son especialistas en alimentarse de ácaros, y que además son muy abundantes en cítricos, son los coccinélidos del género *Stethorus* y *Parastethorus*, además de los ácaros depredadores de la familia Phytoseidae. Otros coccinélidos se alimentan de éstos ácaros, pero no son su fuente principal de alimento, como *Hippodamia convergens*, *Coleomegilla maculata*, *Harmonia axydiris*, *Olla abdominalis*, *Adalia*, *Eriopus*, *Hyperaspis*, *Scymnus* y *Psillobora* (Biddinger et al., 2009; León & Kondo, 2017).

Otros enemigos naturales comunes son las chinches de los géneros *Anthocoris* y *Orius*, además de las crisopas, como *Chrysoperla carnea*, *Chrysoperla rufilabris* e incluso trips depredadores del género *Leptotrips* (Miranda-salcedo et al., 2020)(León & Kondo, 2017).

Los ácaros depredadores de los géneros *Amblyseius*, *Phytoseiulus* y *Neoseiulus* han sido utilizados en programas de control biológico en todo el mundo para el control de ácaros como *T. urticae* y otros que son frecuentes en invernaderos.

Sin embargo, éstos también son comunes en los cítricos, atacando de forma

natural a la araña roja (Mcmurtry et al., 2015).

Literatura Citada

Ables, J. R. & Ridgeway, R. L. (1981). Augmentation of entomophagous arthropods to control insect pests and mites. *In:* Biological control in crop production. pp: 273-305. G. Papavizas (ed.) Allanheld, Osmun Pub. London.

Agut, B., Gamir, J., Jacas, JA, Hurtado, M., & Flors, V. (2014). Different metabolic and genetic responses in citrus may explain relative susceptibility to *Tetranychus urticae. Pest Manag Sci,* 70 (11), 1728-1741. https://doi.org/10.1002/ps.3718

Arredondo-Bernal, Hugo César, & Rodríguez del Bosque, L. Á. (Eds.). (2008). Casos de Control Biológico en México. Mundi Prensa México.

Arredondo-Bernal, H. C.; Sánchez-González, J. A.; Mellín-Rosas, M. A. (2013). HLB de los cítricos: Estatus y Manejo. Taller Subregional de Control Biológico de Diaphorina citri, vector del HLB (65 pp.14-15). Panamá, Panamá. https://www.fao.org/publications/card/en/c/87b23b38-4c33-5e9d-9484-d260c683bc73/

Arredondo-Bernal, Hugo César, & Rodríguez del Bosque, L. Á. (Eds.). (2008). *Casos de Control Biológico en México.* Mundi Prensa México.

Arredondo-Bernal, Hugo César, & Rodríguez del Bosque, L. Á. (2020).

Programas de Control Biológico en México. In Hugo C. Arredondo-Bernal, F. Tamayo-Mejía, & L. Á. Rodríguez del Bosque (Eds.), *Fundamento y práctica del control biológico de plagas y enfermedades* (1ra ed., pp. 523–546). Biblioteca Básica de Agricultura.

Atakan, E., & Pehlivan, S. (2019). Influence of weed management on the abundance of thrips species (Thysanoptera) and the predatory bug , Orius niger (Hemiptera : Anthocoridae) in citrus mandarin. *Applied Entomology and Zoology*, *55*(1), 71–81. https://doi.org/10.1007/s13355-019-00655-9

Arredondo-Bernal, Hugo César, & Rodríguez del Bosque, L. Á. (2020). Programas de Control Biológico en México. *In* Hugo C. Arredondo-Bernal, F. Tamayo-Mejía, & L. Á. Rodríguez del Bosque (Eds.), Fundamento y práctica del control biológico de plagas y enfermedades (1ra ed., pp. 523–546). Biblioteca Básica de Agricultura.

Atakan, E., & Pehlivan, S. (2019). Influence of weed management on the abundance of thrips species (Thysanoptera) and the predatory bug, *Orius niger* (Hemiptera: Anthocoridae) in citrus mandarin. *Applied Entomology and Zoology*, 55(1), 71–81. https://doi.org/10.1007/s13355-019-00655-9

Avendaño-Gutiérrez, F. J., Johansen-Maime, R. M., Equihua-Martínez, A., Carrillo-Sánchez, J. L., González-Hernández, H., & Aguirre-Paleo, S. (2020). Thysanoptera affecting mexican lime (Citrusx aurantifolia

(CHristm) Swingle) in Apatzingán, Michoacán, México. *Agro Productividad*, *13*(4), 3–9.

Bassanezi R. B. (2012). Epidemiology of Huanglongbing in Citrus. IV Simposio Nacional y III Internacional de Bacterias Fitopatógenas. Guadalajara. Jalisco. México.

Begon, M., Townsend, C. R., & Harper, J. L. (2006). *Ecology: From individuals to ecosystems* (4th ed.). Blackwell Publishing.

Bernal, J. s., & España-Luna, M. P. (2020). Biología, ecología y etología de parasitoides. In Hugo César Arredondo-Bernal, F. Tamayo-Mejía, & L. A. Rodríguez-del-Bosque (Eds.), *fundamento y práctica del control biológico de plagas y enfermedades* (1st ed., pp. 139–154). Biblioteca Básica de Agricultura.

Biddinger, D. J., Weber, D. C., & Hull, L. A. (2009). Coccinellidae as predators of mites : Stethorini in biological control. *Biological Control*, *51*(2), 268–283. https://doi.org/10.1016/j.biocontrol.2009.05.014

Blumberg, D., & Van Driesche, R. G. (2001). Encapsulation rates of three encyrtid parasitoids by three mealybug species (Homoptera: Pseudococcidae) found commonly as pests in commercial greenhouses. *Biological Control*, *22*(2), 191–199. https://doi.org/10.1006/bcon.2001.0966

Bové J. M. (2006). Invited review. Huanglongbing: a destructive, newly-emerging, century-old disease of citrus. Journal of Plant Pathology 88 (1), 7-37.

CABI. (2020a). *Invasive species compendium: Coccus hesperidum (brown soft scale)-Datasheet*. https://www.cabi.org/isc/datasheet/14664

CABI. (2020b). *Invasive species compendium: Toxoptera citricida (black citrus aphid)-Datasheet*. https://www.cabi.org/isc/datasheet/54271#top-page

Caltagirone, L., & Doutt, R. (1989). the History of the Vedalia the Development of. *Annual Review of Entomology*, *34*, 1–16.

Cambero-Nava, K. G., Rodríguez-Palomera, M., Cambero-Ayón, C. B., & Cambero-Campos, O. J. (2019). ASPECTOS BIOLÓGICOS DE Cycloneda sanguinea Linnaeus, 1763 (COLEOPTERA: COCCINELLIDAE) ALIMENTADA CON EL PULGÓN Aphis aurantii, Boyer de Fonscolombe, 1841 (HEMIPTERA: APHIDIDAE). *Entomología Agrícola*, *6*, 271–279. https://www.socmexent.org/entomologia/revista/2019/EA/EA 271-279.pdf

Carapia-Ruiz, V. E., Castillo-Gutiérrez, A., Roldán-Reyes, J. L., & Evans, Gregory, A. (2009). Parsitoides de moscas blancas (Hemiptera: Aleyrodidae) de Morelos, México. *Investigación Agropecuaria*, *6*(1), 1–12.

Cohen, A. C. (1995). Extra-oral digestion in predaceous terrestrial arthropoda. *Annual Review of Entomology, 40*, 85–103.

Coronado-Blanco, J. M., & Ruiz-Cancino, E. (1995). Natural parasitism of citrus snow scale, Unaspis citri (Homoptera: Diaspididae), in Tamaulipas, México. *Folia Entomológica Mexicana, 94*, 65–66.

Coronado-Blanco, J. M., & Ruiz-Cancino, E. (1995). Natural parasitism of citrus snow scale, *Unaspis citri* (Homoptera: Diaspididae), in Tamaulipas, México. Folia Entomológica Mexicana, 94, 65–66.

Coronado-Blanco, J. M., & Ruiz-Cancino, E. (1999). Primer registro de *Atomosia macquarti* Bellardi (Diptera: Asilidae) como depredador de *Unaspis citri* (Comstock) (Homoptera: Diaspididae). *Folia Entomológica Mexicana*, 105, 81–82.

Coronado-Blanco, J. M., Ruiz-Cancino, E., & Marín-Jarillo, A. (2000). Registro de la asociación depredadora de *Zagloba beaumonti* Casey (Coleoptera: Coccinellidae) con *Unaspis citri* (Comstock) (Homoptera: Diaspididae). *Acta Zoológica Mexicana* (N.S.), 79, 277–278.

Coronado-Blanco, J. M., Ruiz-Cancino, E., & Pérez-Serrato, P. (2006). Control biológico de la escama de nieve *Unaspis citri* (Comstock).

Coronado-Blanco, J. M., Ruiz-Cancino, E., & Pérez-Serrato, P. (2006). *Control biológico de la escama de nieve Unaspis citri (Comstock)*.

Cortés-Moncada, M. E., López-Arroyo, J. I., Hernández-Fuentes, L. M., Fu-Castillo, A. F. y Loera-Gallardo, J. G. (2010a). Control químico de *Diaphorina citri* Kuwayama en cítricos dulces en México: Selección de Insecticidas y épocas de aplicación. Folleto Técnico No 35. INIFAP-México 22 p. http://www.siafeson.com/sitios/simdia/docs/fichas_tecnicas/control_quimico_diapho.pdf

Cortez-Mondaca, E., Lugo-Angulo, N. E., Pérez-Márquez, J., & Apodaca-Sánchez, M. Á. (2010b). Primer Reporte de Enemigos Naturales y Parasitisme Sobre *Diaphorina citri* Kuwayama en Sinaloa, México. *Southwestern Entomologist, 35*(1), 113–116. https://doi.org/10.3958/059.035.0113

Cortez-Mondaca, E., Lugo-Angulo, N. E., Pérez-Márquez, J., & Apodaca-Sánchez, M. Á. (2010). Primer Reporte de Enemigos Naturales y Parasitisme Sobre Diaphorina citri Kuwayama en Sinaloa , México. *Sout*

Choi, W. I., Lee, S. G., Park, H. M., & Ahn, Y. J. (2004). Toxicity of plant essential oils to *Tetranychus urticae* (Acari: Tetranychidae) and

Phytoseiulus persimilis (Acari: Phytoseiidae). *Journal of economic entomology*, 97(2), 553–558. https://doi.org/10.1093/jee/97.2.553

DeBach, P., & Rosen, D. (1991). *Biological control by natural enemies*. Cambridge University Press.

Dent, D. (2000). *Insect pest Management* (2nd ed.). CABI Publishing.

Eggleton, P., & Belshaw, R. (1992). Insect parasitoids: an evolutionary overview. *Philosophical Transactions - Royal Society of London, B*, *337*(1279), 1–20. https://doi.org/10.1098/rstb.1992.0079

Fleschner, C. A. (1959). Biological Control of Insect Pests. *Science*, *129*(3348), 537–544. https://www.jstor.org/stable/1757805

Fonte, A., Garcerá, C., Tena, A., & Chueca, P. (2019). Validación CitrusVol para el Ajuste del Volumen de Aspersión en Tratamientos contra *Tetranychus urticae* en Clementinas. Agronomía, 10 (1), 32. MDPI AG. Obtenido de http://dx.doi.org/10.3390/agronomy10010032

Gaona-García, G., Ruíz-Cancino, E., & Peña-Martínez, R. (2000). Los pulgones (Homoptera: Aphididae) y sus enemigos naturales en la naranja, Citrus sinensis (L.), en la zona centro de Tamaulipas, México. *Acta Zoológica Mexicana (N.S.)*, *81*, 1–12.

Gill, H. K., Goyal, G., & Gillett-Kaufman, J. (2012). Citrus Mealybug Planococcus citri (Risso) (Insecta : Hemiptera : Pseudococcidae). *EDIS*,

EENY-537, 1–4.

Godfray, H. C. . (1994). *Parasitoids: behavioral and evolutionary ecology.* Princeton University Press.

Godfray, H. C. J. (2016). Four decades of parasitoid science. *Entomologia Experimentalis et Applicata, 159*(2), 135–146. https://doi.org/10.1111/eea.12413

González-Acosta, F. A., Cambero-Campos, J., Estrada-Virgen, M. O., Robles-Bermúdez, A., Peña-Sandoval, G. R., & Coronado-Blanco J. M. (2015). Parasitismo del minador de la hoja de los cítricos (*Phyllocnistis citrella* Stainton) en limón persa en Xalisco, Nayarit. Entomología Mexicana, 2(May), 186–192.

Hajek, A. (2004). *Natural Enemies, an introduction to Biological Control* (Cambridge University Press (Ed.); 1st ed.).

Halbert, S. E. & Manjunath, K. L. (2004). Asian Citrus Psyllid (Sternorrhyncha: Psyllidae) and greening disease of citrus; A literature review and assessment of risk in Florida. *Florida Entomologist,* 87,330-353.

Hill, M. P., Macfadyen, S., & Nash, M. A. (2017). Broad spectrum pesticide application alters natural enemy communities and may facilitate secondary pest outbreaks. *PeerJ, 5*, e4179. https://doi.org/10.7717/peerj.4179

Huang, H. T., & Yang, P. (1987). The Ancient Cultured Citrus Ant. *BioScience,*

37(9), 665–671. https://doi.org/10.2307/1310713

Johansen, R.M. (2001). Trips de importancia en la Fruticultura en México. En Memoria del XIV Curso Internacional de Actualización Frutícola "Aspectos fitosanitarios en la Fruticultura". Fundación Salvador Sánchez Colín CICTAMEX, S.C., Tonatico, México. p. 23-32

Johnsson, M., Wratten, S. D., Landis, D. A., & Gurr, G. M. (2008). Recent advances in conservation biological control of arthropods by arthropods. *Biological Control,* 45, 172–175. https://doi.org/10.1016/j.biocontrol.2008.01.006

Kondo, T., González, G., & Guzman-Sarmiento, Y. C. (2017). Enemigos naturales de *Diaphorina citri*. In T. Kondo (Ed.), *Protocolo de cría y liberación de Tamarixia radiata Waterston (Hymenoptera: Eulophidae).* (1ra ed., Issue July 2018, pp. 23–32). CORPOICA Editorial. https://www.researchgate.net/publication/319703277

Klopfstein, S., Santos, B. F., Shaw, M. R., Alvarado, M., Bennett, A. M. R., Dal Pos, D., Giannotta, M., Herrera Florez, A. F., Karlsson, D., Khalaim, A. I., Lima, A. R., Mikó, I., Sääksjärvi, I. E., Shimizu, S., Spasojevic, T., Van Noort, S., Vilhelmsen, L., & Broad, G. R. (2019). Darwin wasps: a new name heralds renewed efforts to unravel the evolutionary history of Ichneumonidae. *Entomological Communications, 1,* ec01006.

https://doi.org/10.37486/2675-1305.ec01006

Legaspi, J. C., French, J. V., Zuñiga, A. G., & Legaspi, B. C. (2001). Population dynamics of the citrus leafminer, *Phyllocnistis citrella* (Lepidoptera: Gracillariidae), and its natural enemies in Texas and Mexico. Biological Control, 21(1), 84–90. https://doi.org/10.1006/bcon.2000.0907

Lenteren, J. C. Van, & Loomans, A. J. M. (1995). *Biological control of thrips pests* (Vol. 1). Wageningen Agricultural University.

León, G., & Kondo, T. (2017). *Insectos y ácaros de los cítricos* (2nd ed.). CORPOICA Editorial. http://editorial.agrosavia.co/index.php/publicaciones/catalog/download/10 /8/97-1?inline=1

López-Arroyo, J. I., Loera, J., Jasso. J., Reyes, M. A., Cabrera, Cortez, E., Miranda, M.A., Fú, A., Rodríguez, R. & Acosta, E. (2008). Avances de investigación para el manejo del psílido asiático de los cítricos en México. Reunión Nacional de la Fito sanidad, SENASICA. Acapulco Guerrero, noviembre.

Loomans, A. (2003). *Parasitoids as Biological Control Agents of Thrips Pests*. Wageningen University.

Lozano-Contreras, M. G., & Jasso-Argumedo, J. (2012). Identificación De Enemigos Naturales De Diaphorina Citri Kuwayama (Hemiptera:

Psyllidae) En El Estado De Yucatán, México. *Fitosanidad, 16*(1), 5–11.

Martin, J. H., & Mound, L. A. (2007). An annotated check list of the world's whiteflies (Insecta: Hemiptera: Aleyrodidae). In *Zootaxa* (Issue 1492). https://doi.org/10.11646/zootaxa.1492.1.1

Martínez-Bernal, C., Ruiz-Cancino, E., & Van Driesche, R. (1999). Mortalidad natural y por enemigos naturales de *Phyllocnistis citrella* Stainton (Lepidoptera: Gracillariidae) en cítricos de la zona centro de Tamaulipas, México. BIOTAM, 11(1), 25–28.

Mcmurtry, J. A., Sourassou, N. F., & Demite, P. R. (2015). The Phytoseiidae (Acari: Mesostigmata) as Biological Control Agents. *In* D. Carrillo, G. J. de Moraes, & J. E. Peña (Eds.), *Prospects for Biological Control of Plant Feeding Mites and Other Harmful Organisms* (pp. 133–149). Springer International Publishing. https://doi.org/10.1007/978-3-319-15042-0

Medina-Urrutia, V. M. (1990). Incidencia de ácaros, Archesonia, Fumagina y Mancha foliar en árboles de limón asperjados con Mancozeb. Tercera reunión Científica Forestal y Agropecuaria. SARH. INIFAP. Universidad de Colima. 111-114 pp.

Michaud, J. P. (1998). A Review of the Literature on Toxoptera citricida (Kirkaldy) (Homoptera : Aphididae). *The Florida Entomologist, 81*(1),

37–61.

Michaud, J. P. (2000). Development and reproduction of ladybeetles (Coleoptera: Coccinellidae) on the citrus aphids Aphis spiraecola Patch and Toxoptera citricida (Kirkaldy) (Homoptera: Aphididae). *Biological Control*, *18*(3), 287–297. https://doi.org/10.1006/bcon.2000.0833

Michaud, J. P., & Alvarez, R. (2000). First Collection of Brown Citrus Aphid (Homotera : Aphdiidae) in Quintana Roo , Mexico. *Florida Entomologist*, *83*(3), 357–358.

Miranda-Salcedo, M. A. & López-Arroyo, J. L. (2009). Ecología del psílido asiático de los cítricos *Diaphorina citri* Kuwayama (Hemiptera: Psyllidae) en Michoacán. Memorias XXXII Congreso Nacional de Control Biológico, Villahermosa Tabasco. 55-59 pp.

Miranda-Salcedo, M. A. & López-Arroyo, J. L. (2010). Fluctuación poblacional de *Diaphorina citri* Kuwayama (Hemiptera: Psyllidae) y efectividad de insecticidas para su control en Michoacán. *Entomología Mexicana*. 9:577-582.

Miranda-Salcedo, M.A. (2014). Efectividad del Isoclast en el Manejo Integrado de *Diaphorina citri* Kuwayama (Hemiptera: Liviidae) en Michoacán. Memorias XXXVII Congreso Nacional de Control Biológico Mérida Yucatán, México 6-7 noviembre. 177-182 pp.

Miranda-Salcedo, M.A. 2019a. Manejo agroecológico de plagas de los cítricos en el valle de Apatzingán. Memoria XLII Congreso Nacional de Control Biológico, Veracruz. 37-49 pp.

Miranda-Salcedo, M. A. (2019b). FLUCTUACIÓN POBLACIONAL DE ENEMIGOS NATURALES DE TRIPS (THYSANOPTERA: THRIPIDAE) ASOCIADOS A LIMÓN MEXICANO (Citrus aurantifolia Swingley) EN MICHOACÁN. *Entomología Mexicana [En Línea]. Sociedad Mexicana de Entomología, 6*, 151–155.

Miranda-Salcedo, M. A. (2019c). Bioecología de especies de trips (thysanoptera: thripidae) asociados a limón mexicano en michoacán. *Entomología Mexicana [En Línea]. Sociedad Mexicana de Entomología, 6*, 146–150.

Miranda-Salcedo, M. A., Perales-Segovia, C., Cortés-Moncada, E. & Miranda-Ramírez, J. M. (2020). Manejo agroecológico de *Diaphorina citri* Kuwayama 1908 (Hemiptera: Lividae) en limón mexicano, en Michoacán. Revista Entomología Mexicana, 7(2020): 176-186. Recuperado de http://www.socmexent.org/entomologia/revista/2020/EA/Em%20EA%201 76-182.pdf

Miranda-Salcedo, M. A., Perales-Segovia, C., Cortés-Moncada, E. & Miranda-Ramírez, J. M. (2020). Manejo agroecológico de *Diaphorina citri*

Kuwayama 1908 (Hemiptera: Lividae) en limón mexicano, en Michoacán. Revista Entomología Mexicana, 7(2020): 176-186. Recuperado de http://www.socmexent.org/entomologia/revista/2020/EA/Em%20EA%201 76-182.pdf

Miranda-Salcedo, M.A., Perales-Segovia, C., Cortés-Moncada, E., Loera-Alvarado, E. & Miranda-Ramírez, J.M. (2020a). Manejo agroecológico de *Frankliniella occidentalis* Pergande 1895 (Thysanoptera: Thripidae) en limón mexicano, en Michoacán. *Revista Entomología Mexicana*, 7, 183-188. Recuperado de http://www.socmexent.org/entomologia/revista/2020/EA/Em%20EA%201 83-188.pdf

Miranda-Salcedo, M.A., Perales-Segovia, C., Castañeda-Cabrera, C. & Cortés-Moncada, E. (2020b). Manejo agroecológico de *Tetranychus urticae* Koch 1836 (Acari: Tetranychidae) en limón mexicano, en Michoacán. Revista Entomología Mexicana, 7, 189-194.

Miranda-Salcedo, M. A., Perales-Segovia, C., Castañeda-Cabrera, C., & Cortéz-Mondaca, E. (2020). Issn: 2448-475x manejo agroecológico de. *Entomología Mexicana*, 7, 189–194.

Miranda Salcedo, M. A., Perales Segovia, C., Miranda Ramírez, J. M., Castañeda Cabrera, C. y González Gaona, E. (2021). Control de trips (Thysanoptera: Thripidae) con productos biorracionales y atrayentes, para lima mexicana en Michoacán. Bol. R. Soc. Esp. Hist. Nat., 115. Recuperado de http://www.rsehn.es/index.php?d=publicaciones&num=77&w=515

Miranda-Ramírez, J. M., Perales-Segovia, C.., Miranda-Salcedo, MA ., & Miranda-Medina, D. . (2021). Insecticidas de bajo impacto ambiental para el control de <em>*Diaphorina citri*</em> Kuwayama, 1908 (Hemiptera: Liviidae) en limón mexicano (<em>Citrus aurantifolia</em> (Christm.) Swingle). Revista Chilena De Entomología, 47 (4). Obtenido de https://www.biotaxa.org/rce/article/view/72831

Monzo, C., Qureshi, J. A., & Stansly, P. A. (2014). Insecticide sprays, natural enemy assemblages and predation on Asian citrus psyllid, Diaphorina citri (Hemiptera: Psyllidae). *Bulletin of Entomological Research, 104*(5), 576–585. https://doi.org/10.1017/S0007485314000315

Myartseva, S. N. (2005). Notes on the species of the genus Encarsia Foerster (Hymenoptera : Aphelinidae) introduced to Mexico for biological control of the blackfly Aleurocanthus woglumi Ashby (Homoptera : Aleyrodidae), with description of a new species. *Zoosystematica Rossica, 14*(1), 147–151.

Myartseva, S. N., & Coronado-Blanco, J. M. (2007). Especies de Eretmocerus Haldeman (Hymenoptera: Aphelinidae) - parasitoides de Aleurothrixus floccosus (Maskell) (Homoptera: Aleyrodidae) de México, con la descripción de una nueve especie. *Acta Zoológica Mexicana (N.S.)*, *23*(1), 37–46. https://doi.org/10.21829/azm.2007.231556

Myartseva, S N, Ruiz-Cancino, E., & Coronado-Blanco, J. M. (2013). Control natural de la Mosquita Blanca Lanuda en cítricos y guayabos en Tamaulipas, México. *Memorias 25° Encuentro Nacional de Investigación Científica y Tecnológica Del Golfo de México*, 105–109.

Myartseva, Svetlana N., & Ruiz-Cancino, E. (2004). Synopsis of species of the genus Metaphycus Mercet , 1917 of Mexico (Hymenoptera : Encyrtidae) with description of new species. *Russian Entomological Journal*, *13*(4), 269–276.

Myartzeva, S. N. (2006). A NEW SPECIES OF COCCOPHAGUS FROM NUEVO LEON , MEXICO (HYMENOPTERA: CHALCIDOIDEA: APHELINIDAE). *Acta Zoológica Mexicana (N.S.)*, *22*(1), 95–101.

Myartzeva, S. N., & Ruiz-Cancino, E. (2011). Parasitoides (Hymenoptera : Chalcidoidea) de Coccus (Hemiptera : Coccidae) asociados a Citrus en México. *Dugesiana*, *18*(1), 65–72.

Myartzeva, S. N., Ruíz-Cancino, E., & Coronado-Blanco, J. M. (2017).

Aphelinidae (Hymenoptera) parasitoides de los principales Hemípteros plaga (Hemiptera:Aleyrodoidea: Coccoidea) de los cítricos en México. *Folia Entomológica Mexicana, 3*(2), 32–41.

Moreno-Enriquez, A. (2014). Análisis de la Diversidad Molecular del Gen 16s rDNA de *Candidatus Liberibacter* Asiaticus en Aislados de Cítricos de la Península de Yucatán [Tesis Doctoral] Centro de Investigación Científica de Yucatán, A.C. Mérida, Yucatán, México Recuperado de http://cicy.repositorioinstitucional.mx/jspui/handle/1003/1295

Mound, L. A. (1997). Biological Diversity, pp. 1997-256. In: T. Lewis (ed). Trips as crp pests. CAB International, Londres, 740 p.

Mound, L. A., and Teulon, D. A. (1995). Thysanoptera as phytophagous opportunists. In Thrips biology and management, (pp. 3-19). Plenum, New York.

Myartzeva, S. N., & Ruiz-Cancino, E. (2011). Parasitoides (Hymenoptera : Chalcidoidea) de Coccus (Hemiptera: Coccidae) asociados a Citrus en México. Dugesiana, 18(1), 65–72.

Myartzeva, S. N. (2006). A new species of Coccophagus from Nuevo Leon , Mexico (Hymenoptera: Chalcidoidea: Aphelinidae). *Acta Zoológica Mexicana* (N.S.), 22(1), 95–101.

Myartseva, Svetlana N., & Ruiz-Cancino, E. (2004). Synopsis of species of the genus Metaphycus Mercet, 1917 of Mexico (Hymenoptera: Encyrtidae) with description of new species. *Russian Entomological Journal,* 13(4), 269–276.

Myartseva, S. N. (2005). Notes on the species of the genus *Encarsia Foerster* (Hymenoptera: Aphelinidae) introduced to Mexico for biological control of the blackfly *Aleurocanthus woglumi* Ashby (Homoptera : Aleyrodidae), with description of a new species. *Zoosystematica Rossica*, 14(1), 147–151.

Nguyen, R. (2018). A Citrus Blackfly Parasitoid , Amitus hesperidum Silvestri (Insecta : Hymenoptera : Platygastridae). *U.S. Department of Agriculture, UF/IFAS Extension Service, University of Florida, 243*, 1–3.

Nguyen, R., Hamon, A. B., & Fasulo, T. R. (2007). Citrus Blackfly , Aleurocanthus woglumi Ashby (Insecta : Hemiptera : Aleyrodidae). *Florida Cooperative Extension Service, Institute of Food and Agricultural Sciences. University of Florida, June*, 1–5.

Orozco-Santos, M., Robles-González, M. M., Velázquez-Monreal, J. J., Manzanilla-Ramírez, M. A., Hernández-Fuentes, L. M. & Nieto-Ángel, D. (2013). Manejo integrado de plagas y enfermedades en limas ácidas (limón mexicano y limón persa). Memorias del XI Congreso Internacional de Cítricos. Tecomán, Colima, México.

Pascual-Ruiz, S., Aguilar-Fenollosa, E., Ibáñez-Gual, V., Hurtado-Ruíz, M. A.,

Martínez-ferrer, M. T., & Jacas, J. A. (2014). Economic threshold for

Tetranychus urticae (Acari: Tetranychidae) in clementine mandarins Citrus

clementina. *Experimental and Applied Acarology,* 62, 337–362.

https://doi.org/10.1007/s10493-013-9744-0

Perales-Gutiérrez, M. A., Arredondo-Bernal, H. C., & Garza-González, E.

(1999). Ficha Técnica: Control Biológico de la Mosca prieta de los cítricos,

Aleurocanthus woglumi

Quezada, J. R. (1974). Biological Control of Aleurocanthus woglumi

[Homoptera: Aleyrodidae] in El Salvador. *Entomophaga, 19*(3), 243–254.

Quicke, D. (1997). *Parasitic Wasps*. Chapman & Hall Ltd.

Roistacher, C. N. (1991). Techniques for biological detection of specific citrus

graft Wooler A., D. Padgham, and A. Arafat 1974. Outbreaks and new

records. Saudi Arabia. *Diaphorina citri* on citrus. FAO Plant Protection

Bulletin 22: 93-94.

Rodríguez-Palomera, M., Cambero-Campos, J., Luna-Esquivel, G., Robles-

Bermúdez, A., Peña-Martínez, R., & Muñoz-Viveros, A. L. (2017). Primer

Registro de Aphis (Toxoptera) aurantii en Artocarpus heterophyllus Lam.

(Moraceae) en México. *Southwestern Entomologist, 42*(4), 1111–1114.

https://doi.org/10.3958/059.042.0408

Rosas-Garcja, N. M., Durán-Martinez, E. P., de Luna-Santillana, E. de J., & Villegas-Mendoza, J. M. (2009). Potencial de depredación de *Cryptolaemus montrouzieri* Mulsant Hacia *Planococcus citri* Risso. *Southwestern Entomologist*, *34*(2), 179–188. https://doi.org/10.3958/059.034.0208

Ruíz-Cancino, E., & Coronado-Blanco, J. M. (1994). Minador de la hoja de los cítricos *Phyllocnistis citrella* Stainton (Lepidoptera: Gracillariidae: Phyllocnistinae). (Issue October). https://doi.org/10.13140/RG.2.1.3409.4809

Ruíz-Cancino, E., Martínez-Bernal, C., Coronado-Blanco Juana María, Mateos-Crespo, J. R., & Peña, J. E. (2001). Himenopteros parasitoides de *Phyllocnistis citrella* Stainton (Lepidoptera: Gracillariidae) en Tamaulipas y norte de Veracruz , Mexico, con una clave para las especies. *Folia Entomológica Mexicana*, *40*(1), 83–91.

Ruíz-Cancino, E., Coronado-Blanco, J. M., & Myartseva, S. N. (2006). Situación actual del manejo de las plagas de los cítricos en Tamaulipas, México. *Manejo Integrado de Plagas y Agroecología (Costa Rica)*, 78, 94–100. http://orton.catie.ac.cr/repdoc/A1848e/A1848e.pdf

Ruíz-Galván, I., Bautista-Martínez, N., Sánchez-Arroyo, H. y Valenzuela-Escoboza, F. (2015). Control químico de Diaphorina citri (Kuwayama) (Hemiptera: Liviidae) en lima persa. Acta Zoológica Mexicana (nueva serie), 31(1), 41-47. Recuperado de http://www.scielo.org.mx/scielo.php?script=sci_arttext&pid=S0065-17372015000100006

Sánchez-González, J. A., Mellín Rosas, M. A., Arredondo-Bernal, H. C., Vizcarra-Valdez, N. I., González-Hernández, A., & Montesinos-Matías, R. (2015). Psílido Asiático de los Cítricos, *Diaphorina citri* (Hemiptera: Psyllidae). *In* Hugo César Arredondo-Bernal & L. Á. Rodríguez-del Bosque (Eds.), Casos de Control Biológico en México, vol. 2 (2nd ed., pp. 339–372). Biblioteca Básica de Agricultura.

SENASICA. (2015). Manual de Reproducción masiva de *Tamarixia radiata*, principal parasitoide del Psílido asiático de los Cítricos, vector del HLB. In Hugo César Arredondo-Bernal (Ed.), *SENASICA* (1ra ed.). SENASICA. https://biocontrol.entomology.cornell.edu/parasitoids/Tamarixia.php

SENASICA. (2019). *Pulgón café de los cítricos Toxoptera citricida (Kirkaldy). Ficha Técnica No. 37* (Issue 37).

SENASICA, 2019. Servicio Nacional de Sanidad, Inocuidad y Calidad. Estrategia 2017, para la detección y control del HLB y el psilido asiático de los cítricos en México. www.senasica.gob.mx/default.asp? Consultado el 3 julio 2019.

SIAP (2021). Sistema de Infrmación Agroalimentaria y Pesquera. Anuario estadístico de la producción agrícola 2020 en México. Sistema de Información Agroalimentaria y Pesquera de la Secretaría de Desarrollo Rural, México, D.F. (Consultado: 28/07/2021). Disponible en: https://nube.siap.gob.mx/cierreagricola/

Shivankar, V., Rao, C., & Singh, S. (2000). Studies on *citrus psylla, Diaphorina citri* Kuwayama: A review. *Agricultural Reviews*, 21(3), 199–204.

Smith, H. D., Maltby, H. L., & Jimenez, E. J. (1964). Biological control of the citrus blackfly in Mexico. *U.S. Department of Agriculture Technical Bulletin, 1311*, 1–30.

SMN-CONAGUA (2016). Servicio Meteorológico Nacional - Comisión Nacional del Agua. Datos meteorológicos. SMN, MEX. http://smn.cna.gob.mx/es/ (consultado 28 sep. 2021).

Stansly, P. (2012). Biology and management of Asian citrus psyllid and HLB in Florida. IV Simposio Nacional y III Internacional de Bacterias Fitopatógenas. Guadalajara. Jalisco. México.

Van Driesche, R., Hoddle, M., & Center, T. (2008). *Control of Pests and Weeds By Natural Enemies*. Blackwell Publishing.

Vanegas-Rico, J. M., Lomeli-Flores, J. R. Rodríguez-Leyva, E., Valdez-Carrasco, J. M., & Luna-Cruz, A. (2018). Primer registro de *Laetilia coccidivora* (Lepidoptera: Pyralidae) como depredador de *Diaspis echinocacti* (Hemiptera: Diaspididae) en Tlalnepantla, Morelos. *Dugesiana*, 25(2), 125–127.

Van Lenteren, J. C., & Loomans, A. J. M. (1995). Biological control of thrips pests (Vol. 1). Wageningen Agricultural University.

Villalobos-Muller, W., Pérez-Hidalgo, N., Mier-Durante, M. P., & Nieto-Nafría, J. M. (2010). Aphididae (Hemiptera: Sternorrhyncha) from Costa Rica, with new records for Central America. *Boletín de La Asociación Española de Entomologia,* 34(1), 145–182.

Villanueva-Jiménez. A. J., Osorio-Acosta, F., Ortega-Arenas, L. D., Díaz-Zorrilla, U., García, V. M., Luna-Olivares, J., Luna-Olivares, G. & Zamora-Juárez, S. (2018). Susceptibilidad de *Diaphorina citri* a insecticidas en los

24 estados que operaron la campaña contra HLB en 2018. Memorias Congreso XXXII Investigación, Agrícola, Pecuario, Forestal, Acuícola, Pesquero y Desarrollo Rural de Veracruz, 2284-2294 pp. Recuperado de http://rctveracruz.org/descargarlibro/libros/PyE07.pdf

(Hymenoptera: Eulophidae). (1ra ed., Issue July 2018, pp. 23–32). CORPOICA Editorial.

Printed by Books on Demand GmbH, Norderstedt / Germany